2009
The Recovery

MOTS DE L'AUTEUR

Aussi simple que les mots sont utilisés, simple que les idées sont avancées, parfois ambiguës, utopiques, Chers lecteurs voyez en ce livre le commencement de l'accomplissement de plusieurs actions menées dans le seul but de rendre meilleur le quotidien. « *Le fait de ne pas croire en une chose ne signifie pas qu'elle est impossible à réaliser. L'adapter à notre échelle ou notre quotidien est la marque de distinction.* »
Ce livre se veut simple mais d'une grande importance et, les concepts avancés également.

Il est question de trois choses : les séismes, le désert et des gaz à effet de serre.
Des choses simples sont dites, mais combien grandes et importantes, des choses simples mais combien réalisables.

Si les mots ne sont pas agencés de façon à satisfaire pleinement la compréhension, prenez le temps de bien lire, si des choses vous semble utopique ne vous fier pas à l'impossible.

- Albert Einstein : « Si l'idée n'est pas à priori absurde, elle n'a pas lieu d'être »
- Cœur du Père : « une *I.DE.E* est une *I*nitiative à *DE*velopper pour libérer l'*E*xcellent en nous»

SOMMAIRE

- LORSQUE LA TERRE FREMIT: SEISMES 2009 ?

- TRANSFORMER LE DESERT EN FORET

- GAZ A EFFET DE SERRE

*LORSQUE LA TERRE
FREMIT:SEISMES 2009 ?*

«Lorsque la terre frémit : séismes 2009 ?» pour mettre en garde contre le risque d'un éventuel déclenchement de séismes dans certaines zones sensibles en cette année 2009, (zones situées en des points de rencontre entre deux plaques, au pied de massifs volcaniques ou dans des zones connues pour leur sismicité).

D'éventuelles analyses plus approfondies pourraient être faite.

Prenons deux cas pour commencer.

INDE

Bhârat Ganarājya en Hindi, inde en français. La république de l'inde, est un pays d'Asie méridionale qui a pour capitale New Dehli et comme ville la plus peuplée du pays, Bombay. C'est cette ville de Bombay qui récemment fut le théâtre d'un attentat terroriste notamment dans le plus prestigieux hôtel de la ville : le Thaj Mahal, à titre d'information.

D'une superficie de 3.287.590 km2 l'inde est bordée à l'Ouest par la mer d'Oman et le Pakistan; au Nord par la chine dans une zone revendiquée par le Tibet (zone sous contrôle chinoise),le Népal et le Bhoutan; à l'Est par la Birmanie, le golfe du Bengale et le Bangladesh; au Sud par le détroit de Palk et le golfe de Mannar qui le sépare du Sri Lanka dans l'océan Indien. Les frontières indiennes s'étendent sur près de 14.103 km

C'est sur fond de guerre civile, qu'eut lieu le 15 Aout 1947 l'acte d'indépendance de l'Inde, appelé « Indian Indépendance Bill ». Cet acte stipule la partition de l'inde en deux États distincts: l'inde et le Pakistan, dotés chacun du statut de dominions (c'est à dire d'États indépendants de l'union britannique) , qui fait suite aux affrontements entre hindous et musulmans.

Il fixe les nouvelles frontières de ces deux États et annule toutes les prérogatives liées à l'exercice de la monarchie britannique , de sa majesté et du parlement du royaume uni. Cet acte fait suite à l'année 1945 qui signe le départ d'un processus de développement économique de l'inde qui aujourd'hui montre des fruits.

Le nom « inde » est dérivée d'une vieille version persane du mot *sindhu* en mémoire du fleuve *Indus* en langue *Sanskrit*,langue indo-européenne utilisée comme langue de culte et d'enseignement. Certains textes officiels utilisent le mot *Bharat* ,un mot de la langue *hindi* dérivé du nom *sanskrit* d'un roi hindou antique dont l'histoire peut être trouvée dans le Mahâbhârata, œuvre majeure de l'hindouisme. Le Mahâbhârata est le plus long des deux grands poèmes épiques de l'inde ancienne, connu comme étant le fondement de la littérature et de la philosophie Hindoues.
 Sous l'empire mongole (du XIII au XIVe siècle) un troisième nom issu du persan nait : «*hindustan* » qui signifie « *terre des hindous* ».

Son potentiel démographique, soit 1.147.995.898 habitants, fait également de l'Inde le foyer d'une diversité linguistique. En effet, 23 langues se partagent le territoire de l'inde. Mais officiellement l'hindi fait office de langue fédérale et l'Anglais (langue des colons) reconnue en tant que langue associée.

On compte l'Inde parmi l'un des territoires abritant encore les traces des plus anciennes civilisations du monde.
Cette richesse particulière à fait de l'Inde la mère de nombreuses religions. Quatre grandes religions ont vu le jour sur ce territoire: L'hindouisme, le bouddhisme, le jaïnisme et le sikhisme. Ces religions sont encore présente non seulement dans ce territoire mais aussi et maintenant en Amérique, en Europe, et un peu partout dans le monde.

En terme de chiffres, on a:

-L'hindouisme qui comprend 878 millions de fidèles soit 79,8 % de la population indienne. Elle montre par là qu'elle est la religion dominante de l'Inde.

-L'islam, avec environ 150 millions de fidèles (soit 13,7% de la population indienne), fait de l'Inde le troisième pays musulman au monde après l'Indonésie et le Pakistan.

-L'inde compte environ 25 millions de chrétiens « *(orthodoxes, protestants et catholiques ensemble forment env. 2,5% de la population indienne) dont une partie (dans le Kerala) appartient à l'une des communautés chrétiennes les plus anciennes au monde (Mar Thomas)* ».

-Le sikhisme est une religion propre à l'Inde qui comprend 18 millions de fidèles (env. 2,1% de la population indienne). La majorité des Sikhs habitent au Penjab. Les Sikhs sont très présents dans l'armée.

-Le bouddhisme, qui avait disparu vers le Xe siècle, renaît en Inde de plusieurs façons, notamment sous la forme de la pratique de vipassana, et grâce au mouvement de conversion en masse de Dalits ou intouchables, initié en 1954 par Bhimrao Ramji Ambedkar et qui se poursuit de nos jours: les néo-bouddhistes. Le nombre de bouddhistes en Inde est aujourd'hui estimé à 7,5 millions de personnes soit environ 0,8% de la population indienne.

-Le jaïnisme est une religion ,aussi, propre à l'Inde qui comprend entre 3 et 4 millions de fidèles , soit environ 0,5% de la population Indienne, et dont la majorité des pratiquants habitent au Maharastra et Gujarat. Le jaïnisme se caractérise par un respect absolu de toute forme de vie.

-La communauté Pârsî ,avec le zoroastrisme, décroît rapidement. Des religions indiennes sont apparues sur le territoire indien pour y disparaître, comme les Âjîvika.

Cette pluralité religieuse qui n'est pas sans heurt confirme le caractère unique et spécial de l'inde .Mère de plusieurs religions mais aussi pôles scientifiques et technologiques: en 2007,une capsule spatiale, inhabitée, fut lancer pour une mission de 12 jours dans l'espace. Cette étape marque l'accession de l'inde au rang des ténors de la science.

Promulguée le 26 janvier 1950, la Constitution donne naissance à la «République souveraine et démocratique» de l'Inde, dont elle affirme le caractère laïque et la vocation sociale.

Ainsi, le régime est une fédération de type dyarchique ,c'est à dire à un gouvernement où le pouvoir est exercée par deux groupes ou deux partis, et parlementaire bicaméral, autrement dit qui comporte deux chambres ou deux assemblées de représentants. Le pouvoir est divisé entre le législatif, l'exécutif, et le judiciaire.

Le président est le chef de l'état, mais ses pouvoirs sont surtout symboliques. Le président et le vice-président de la république sont élus au suffrage indirect tous les cinq ans par un collège spécial: une assemblée d'électeur. Mais en cas de démission du président , le vice président ne prend pas automatiquement sa place !

Le Parlement est composé de deux chambres : la chambre haute appelée la Rajya Sabha ou le Conseil des États et la chambre basse, la Lok Sabha pour « Chambre du peuple ». La Rajya Sabha peut compter jusqu'à 250 membres élus pour une durée de six ans, et renouvelés par tiers tous les deux ans. Les 545 membres de la Lok Sabha sont élus au suffrage universel direct pour représenter différents collèges électoraux dans des mandats de cinq ans.

Le Parlement désigne un Premier ministre issu du parti majoritaire ou d'une coalition. Celui-ci détient les pouvoirs exécutifs et dirige le conseil des ministres. Il est directement responsable devant le Parlement.

La branche exécutive comprend le président de la République, le vice-président et le Conseil de ministres dirigé par le Premier ministre. C'est le premier ministre qui est le chef de gouvernement de fait. Il est nommé par le président, avec l'approbation de la coalition qui détient la majorité des sièges à la Chambre du Parlement. Le pouvoir judiciaire en Inde est également organisé en dyarchie. La plus haute juridiction du pays est la Cour suprême, dirigée par le premier magistrat du pays, le président de la Haute Cour de l'Inde.

Son rôle :

- Arbitrer les conflits entre les États et le Centre.

- Constitue la dernière juridiction d'appel au-dessus des vingt et une hautes cours des États appelées les *High Courts*.
- Elle a le pouvoir de prononcer l'inconstitutionnalité des lois et des décrets des gouvernements si elle estime que ces derniers sont en conflit avec les principes fondamentaux de la constitution.

Il existe également dans chaque États et territoires de l'inde, des juridictions d'appel qui examinent les litiges issus des tribunaux subalternes (les *lower courts*) tels que les tribunaux de district ou de localité.

Aujourd'hui, l'Inde est reconnue comme une puissance émergente. Elle a su tissé des partenariats stratégiques avec les grandes puissances, notamment les États-Unis dans le cadre du programme « *Next Steps in Strategic Partnership (NSSP)* » et de la Chine .Elle a également avancé sa candidature auprès du G4 (Allemagne, Brésil, Inde, Japon) afin d'obtenir un siège permanent au Conseil de sécurité de l'ONU.

L'inde est une fédération d'États qui ont chacun un parlement et un gouvernement. Il y a vingt-huit États et six territoires, avec celui de la capitale New Dehli appelé *New Delhi Capital Territory*.

Le climat de l'Inde est fortement influencé par l'Himalaya et le désert de Thar.

Il varie du tropical dans le sud au tempéré dans le nord de l'Himalaya où les régions montagneuses reçoivent des chutes de neige continues en hiver.

Sur le plan économique, le PIB de l'Inde était de 1 171 milliards $ en 2007.

- Le PNB par habitant était de 720 dollars en 2005.
- Le PIB par habitant en PPA de 3452 dollar en 2005.
- En 2005, l'agriculture représentait 22 % du PIB, les industries 27 % et les services 51 %. Le PNB de l'Inde est le 10e du monde en valeur.
- Répartition des emplois (2004) : agriculture 50 %, industrie 21 %, services 29 %.
- Taux de pauvreté (2004) : 25 %
- Taux de chômage (2005) : 10 %
- Dette extérieure (2005) : 95 milliards de dollars
- Inflation (2005): 4,2 %

En 2007, l'Inde est la 12ème puissance économique mondiale avec un PIB de 1.171 Milliards $ soit 2,15% du PIB mondial.

Les secteurs qui tirent profit de la conjoncture sont, avant tout, les services et l'industrie manufacturière. Au niveau des télécommunications le pays comprend neuf satellites géostationnaires opérationnels.

Il a mis à profit son succès technologique spatial pour créer la télé-éducation ainsi que des réseaux de télémédecines au service de la population. Le pays compte plus de 3 millions de nouveaux abonnés au téléphone mobile chaque mois.
L'inde est aussi le premier producteur et exportateur de médicaments génériques du monde. La capitale de l'industrie pharmaceutique est Hyderâbâd. La première entreprise du secteur est Ranbaxy, avec plus de 10.000 salariés et 1,5 milliard de dollars de chiffre d'affaires.
Les exportations indiennes se chiffrent à plus de 2 milliards de dollars.

Hormis ces points économiques, sociaux et religieux, l'inde est aussi un territoire qui présente un fort risque sismique. C'est notre sujet.

Au rang des pays les plus exposés aux catastrophes naturelles notamment les séismes, l'inde peine à trouver ses repères . Sans faire mention des inondations qui affectent également ce territoire, les séismes ont pour leur part élu domicile dans le nord du pays, au niveau des chaînes de l'Himalaya, lieu où se rencontrent les plaques indiennes et eurasiennes. La déformation de cette zone Himalayenne est très importante, la plaque indienne se rapproche de la plaque eurasienne à une vitesse estimée de 4,2 cm par an. Par comparaison la plaque africaine se rapproche relativement de la plaque eurasienne de 0,7 cm par an. La différence est notable. La fréquence sismique également.

Le 26 janvier 2001, à 8 h 46 (3h 16 GMT), un séisme de magnitude 7,8 sur l'échelle de Richter a frappé l'ouest de l'inde. L'état de Gurajat situé près de la ville de Bhuj dans le golfe de Kachchh, au niveau de la frontière indo-pakistanaise. L'État de Gurajat est le deuxième État le plus industrialisé de l'inde avec à son actif des industries de coton, de soie et des industries chimiques. Fait marquant et étonnant de ce séisme, c'est qu'il s'est produit à 100 km du séisme du 16 juin 1819 à Kutch, dans une zone réputée calme sismiquement. Ce qui a poussé les scientifiques, du coté de la France, à l'adoption d'un niveau sismique minimal à prendre en compte pour la construction des centrales nucléaires, mais également dans la construction de bâtiments.

Une étude menée par l'IPSN montre que des séismes de forte magnitude peuvent se produire loin des limites de plaques (170 à 3000 km) à l'intérieur même de zones réputées stables (boucliers anciens, chaînes de montagnes anciennes…).

Le séisme qui eut lieu à Bhuj est un séisme *«intraplaque»* c'est-à-dire un séisme qui se produit à l'intérieur des plaques. Il s'agit d'un séisme superficiel engendrer par le mécanisme de chevauchement c'est à dire par un mouvement vertical de la plaque, la plaque océanique qui passe en dessous de la plaque continentale. Le mouvement de la plaque s'est produit à 17 km en profondeur dans le sol et s'est étendu sur 150 km . Le fait qu'il se soit produit à 200 km loin des frontières mais à l'intérieur de la plaque indienne montre bien que ce séisme est du type *«intraplaque»*. Près de 250 répliques ont suivi ce séisme dont une avec une magnitude de 5,9 sur Richter.

L'inde malgré sa richesse démographique, industrielle, scientifique,..., est un territoire durement éprouvé :

- 108 000 morts en 873
- 300 000 Morts à Calcutta en 1737
- 1500 morts dans la région d'Assam en 1897 avec une magnitude de 8 sur l'échelle de Richter
- 1935 à Quetta 30.000 Morts pour une magnitude de 7,5
- 9.748 morts, plus de 15.000 blessés et 30.000 sans abri à Khillari dans le sud le 29 septembre 1993 pour une magnitude de 6,3
- 40 morts, 1.000 à 1.500 blessés et 30.000 sans abris dans le sud de l'Inde le 21 mai 1997.En magnitude 5,6
- Une centaine de morts et plus de 100.000 sans abri en avril 1999

D'après La chaine du site www.radio-canada.ca/nouvelles: «*Un séisme d'une magnitude de 6,8 sur l'échelle de Richter a secoué les contreforts de l'Himalaya, dans le nord de l'Inde. On déplore une centaine de morts. Certains villages isolés, dont on est sans nouvelles, ont été touchés par le tremblement de terre. Le séisme est le plus important depuis 1905, année où un terrible tremblement de terre d'une magnitude de 7,2 avait tué des milliers de personnes dans l'État de l'Himachal Pradesh.*»

le séisme du 26 janvier 2001 ,déclaré comme l'un des plus puissant qu'a connu l'Inde, a fait état d'environ 30.000 morts et des centaines de milliers de blessés et de sans-abri. A plus de 2000 m de l'épicentre , le séisme s'est fait ressentir «*obligeant les habitants à sortir de leurs maisons tellement le séisme était violent* » dit un article à ce sujet. «*...des déraillements de train, des affaissements de terrain, des ruptures de canalisations, de lignes électriques et téléphoniques. Des routes éventrées, des immeubles effondrés, les survivants désespérés à la recherche de leurs proches* ».

Même New Dehli la capitale n'en fut pas exclut.

Le gouvernement a demandé un prêt de 1,5 milliard de dollars à la Banque mondiale et à la Banque asiatique de développement pour l'aider à faire face au séisme.

La Fédération International des Sociétés de Croix-Rouge à même lancé un appel de 2 millions de francs suisse.

- En 2005,le site « www.notre-planete.info» publie un article dans lequel il fait le bilan de l'année 2005 des catastrophes naturelles survenues:

« *Le 8 octobre, un tremblement de terre de 7,6 de magnitude a secoué le district de Muzaffarabad au nord du Pakistan. L'effondrement de bâtiments et la vague de froid qui a suivi le séisme ont fait plus de 87.000 morts au Pakistan et dans les régions voisines en Inde. Le 28 mars 2005, un séisme d'une magnitude de 8,7 – probablement une réplique du séisme sous-marin du 26 décembre 2004 – a secoué le nord de Sumatra, faisant plus de 2 600 victimes. Le 22 février, l'Iran a aussi été secoué par un tremblement de terre d'une magnitude de 6,4, qui a coûté la vie à 600 personnes.*

Le nombre élevé de morts que ces événements ont entraîné est dû à la grande sismicité, mais aussi à la mauvaise qualité des constructions dans les régions touchées.»

IRAK

L'empire perse prouve encore aujourd'hui son influence d'antan, aujourd'hui, en ce que le nom «Irak» fut donner par lui. « Terre Basse » traduction du mot perse « eraq », l'Irak est un pays du Moyen-Orientv situé au nord de la péninsule arabique, qui fait frontière avec l'Iran à l'est, la Turquie au nord, la Syrie et la Jordanie à l'ouest et l'Arabie Saoudite et le Koweït au sud . L'Irak est parfois appelé *Bilad ar-Rafidain* c'est à dire « *le pays des deux fleuves* »
(en référence au Tigre et à l'Euphrate, fleuves de Mésopotamie).

Anciennement annexé par le Royaume Uni, l'Irak prit son indépendance le 03 Octobre 1932.

Quelques traits de l'histoire ce territoire sont assez bon à voir:

L'Irak actuel couvre une grande partie de la Mésopotamie, l'un des berceaux de la civilisation. On lui attribut également la naissance de l'écriture il y a 5.000 ans. L'histoire de l'Irak commence avec les cités-États de Mésopotamie, en particulier Suse et Babylone. La région est ensuite dominée par les Hittites, puis par les Assyriens, et par les Mèdes. La Mésopotamie fut le foyer de plusieurs empires:

- l'empire achéménide qui apporta le zoroastrisme

- les grecs à travers les conquêtes d'Alexandre le Grand,
- Au VIIe siècle l'invasion arabe fit de Bagdad la capitale du califat islamique et une des plus grandes villes du monde, au grand rayonnement intellectuel de l'époque.

- Au XIIIe siècle la Mésopotamie passe sous le contrôle mongole

- À partir du XVIe siècle, l'empire ottoman contrôle le territoire.

- Au cours de la Première Guerre mondiale, l'Irak est conquis par les Britanniques et est déclaré indépendant de l'empire ottoman le 1er octobre 1919.

- en 1955, l'Irak entre dans le pacte de Bagdad et se lie aux États-Unis face à la guerre froide

- Le 14 juillet 1958, la monarchie hachémite est renversée et le général Kassem prend le pouvoir par un coup d'État. Le Comité des officiers libres proclament la République lors du premier coup d'État du parti Baas, parti de la Renaissance arabe et socialiste, allié avec un groupe d'officiers nationalistes.

- Le 8 février 1963 : les militants du Baas renversent le gouvernement du général Abdel Karim Kassem . Saddam Hussein, qui poursuivait des études de droit au Caire, revient en Irak et devient, à 26 ans, secrétaire général du parti.

- Le 18 novembre 1963: Saddam Hussein est arrêté et emprisonné. Pendant ces années de détention, il sera torturé et interrogé par la police du régime en place qui le soupçonne de complot contre le président Abdula Salam Arif.

- En 1965, Saddam Hussein, toujours en prison, est élu membre du commandement panarabe du parti Baas.

- Le 14 avril 1966: après la mort accidentelle ou criminelle du Colonel Abdula salam Aref, son frère, le Maréchal Abd al-Rahman Aref en tant que Président de la République d'Irak.

- Le 16 juillet 1979 : Saddam Hussein met Hassan al-Bakr à la retraite. Le 16 juillet, jour anniversaire de la révolution de 1968, 1979 Saddam Hussein accède à la présidence a l'âge de 42 ans rompant avec le Parti communiste, il procède à des purges massives au sein du Parti Baas - un parti nationaliste arabe, laïc et socialiste, dont tous les dirigeants sont originaires de la ville de Tikrit - et renoue avec les monarchies du Golfe ainsi qu'avec les pays occidentaux. Le pouvoir de Saddam Hussein s'est donc constitué au départ autour de l'idéologie baasiste, relativement laïque et républicaine. Par ailleurs, il considère l'Islam comme une composante essentielle de la culture arabe.

- le 30 novembre 1979: le gouvernement irakien demande une révision des traités signés en 1975, ce que refuse le gouvernement iranien . En 1980, Bagdad prend l'initiative militaire: il veut récupérer le Chatt al-Arab et le Khouzistan iranien. De plus, il veut mettre un point final à la révolution islamique, qu'il juge prête à tomber. Saddam Hussein voyant que l'armée Iranienne est affaiblie par la révolution islamique, en profite pour déclencher la guerre

- 22 septembre 1980 au 8 Aout 1988 : c'est la guerre d'Iran-Irak avec près d'un million de morts et des centaines de milliers de blesses.

- Le 2 août 1990, l'Irak envahit et occupe le Koweït. C'est le début de la deuxième guerre du golfe menée sous l'égide de l'ONU, avec au 17 janvier 1991, «la tempête du désert» une intervention militaire en Irak et au Koweït. Bilan:100.000 soldats tués et 35.000 victimes civiles.

- Le 26 février 1991, Saddam Hussein annonce son retrait du Koweït. La fin de la guerre proclamée le 28 février 1991 affiche un bilan humain énorme dont 1,5 million d'enfants morts de malnutrition et atteints de malformations dues à l'utilisation d'armes à l'uranium appauvri.

- Le 20 mars 2003: Troisième guerre du golfe . l'Irak est attaqué par une coalition alliée des États-Unis et du Royaume-Uni, sans mandat de l'ONU et soutenue par plusieurs dizaines de pays dont le Japon, la Corée du Sud, la Pologne, l'Espagne et l'Italie. Le régime de Saddam Hussein est renversé 3 semaines après l'entrée des troupes de la coalition dans le pays. Cette troisième guerre du Golfe s'achève officiellement le 1er mai 2003.

- Le 28 juin 2004: le pouvoir a été remis entre les mains d'un gouvernement intérimaire, dirigé par Iyad Allaoui.

- Le 30 janvier 2005 ont eu lieu les premières élections réellement démocratiques de l'histoire du pays, dans un climat de terreur.

- Le 6 avril 2005, marque pour la première fois de son histoire l'accession au pouvoir du premier président kurde de la république d'Iran, Jalal Talabani.

Sur le plan économique, l'Irak promet une croissance qui fut pourtant et pendant longtemps limitée par ces longues guerres et tensions. L'évolution de son PIB depuis 2002 le souligne:
- 18,4 milliards de dollars et un revenu par habitant de 780 $ en 2002

- 25,7 milliards de dollars en 2004 soit 949 dollars par habitant

- 29,3 milliards de dollars en 2005

- Près de 47 milliards en 2006 , 1635 dollars par habitant

- Une projection de 71 milliards dollars en 2008 avec un revenu de 2319 dollars par habitant

Son potentiel pétrolier fait de ce pays majoritairement musulman l'une des puissances pétrolière de la planète.

Loin de ces tensions et de ces guerres qui ont longtemps éprouvé ce territoire, L'Irak est aussi une zone à risque sismique. Il se situe à la frontière entre les plaques arabique et eurasienne: l'Irak sur la plaque arabique et l'Iran sur la plaque eurasienne. C'est ce qui explique que l'Iran aussi ne soit pas exempt «d'épreuves sismiques » : en 1641 et 1727 : 30.000 morts et 77.000 morts à Tabriz; 1755 Kashan: 40.000 morts ; (...) ; 22 février 2005 : 612 morts et 1400 blessés;...
En mars-avril 2006, l'ouest de l'Iran est victime d'un séisme de magnitudes situées entre 2,8 et 6 sur l'échelle de Richter. Les villes touchées: Doroud et de Boroujerd donnent un bilan de 70 morts et 2600 blessés. Quelques années plutôt l'Iran fut victime du séisme le plus destructeur de ces dernières années: le 26 décembre 2003 d'une magnitude de 6,7 sur Richter cette secousse a fait 43.000 morts et des centaines de milliers de sans-abri.

Le 8 août 2008 le journal le Figaro fait rapport d'un tremblement de terre en Irak d'une magnitude de 5,3 sur l'échelle de Richter. D'après M. DAOUD Chaker, directeur de la météorologie nationale à Bagdad ,aucune victime n'était à déplorer. Néanmoins ce séisme situé à 370 km au sud est de Bagdad, au nord-est d'Amara, près de la frontière entre l'Iran et l'Irak, a tout de même crée la panique chez les habitants d'Amara.
Mais au fait qu'est ce qu'un séisme ?

- **SEISME**

En volcanologie, un séisme, aussi appelé tremblement de terre, est une secousse affectant l'écorce terrestre, engendrée soit par le mouvement tectonique des plaques, auquel cas on l'appelle séisme tectonique, soit par une montée de laves lors d'une éruption volcanique, et qui se propage à l'intérieur de la terre.

Étymologiquement, le mot séisme est issu du grec «seismos» qui signifie secousse. Il traduit une série de secousses plus ou moins violentes, soudaines, imprévisibles, localisées et bien souvent brèves présentant deux parties: des premières secousses de l'ordre de quelques dizaines de secondes, suivies de répliques quelques heures ou quelques jours après.

L'étude d'une secousse sismique se fait à l'aide d'un instrument de mesure appelé le sismographe qui enregistre et mesure l'amplitude, l'heure et la durée de la secousse à un endroit bien précis.
Le premier sismographe fut inventé en Chine, en 130 après JC. A cette époque c'était plutôt un vase portant au dessus des statuts de dragons qui tenaient des billes de bronzes dans leur gueule et qui lorsque les premières secousses survenaient, laissaient tomber les billes dans la gueule de grenouilles situées au bas du vase.

Dans la mesure et la détection de séisme, plusieurs instrument de plus en plus perfectionner on vu le jour jusqu'aujourd'hui:
 - D'abord le sismomètre (pour sismographe aujourd'hui);
 - ensuite le gravimètre qui mesure les changements d'inclinaison du sol; l'extensomètre,
 - puis l'inclinomètre à eau,
 - les radio télescopes de la NASA,
 - la technologie spatiale ,basée sur les rayons laser, qui permet de scruter les grands mouvements du cœur de la terre et enfin les camions sismiques qui établissent une cartographie des différentes couches de la terre.

La mesure d'un séisme se fait sur deux échelles: l'échelle de Richter et l'échelle de Mercalli .

Sur l'échelle de Richter se mesure la magnitude d'un séisme assimilée à la puissance ou à la quantité d'énergie libérée lors du séisme. Elle s'appuie sur les mesures faites par les sismographes.

Pour ce qui est de l'intensité, l'échelle de Mercalli s'en occupe. Reparti en 12 degrés, l'échelle de Mercalli permet de qualifier ou de donner une indication précise de l'intensité du séisme.

A titre plus explicite, le degré :
« *I : séisme non ressenti*
II: ressenti dans les étages élevés, balancement des objets suspendus
III: nettement ressenti à l'intérieur
IV: vibrations des vitres, craquements dans les murs
V : dormeurs réveillés, vaisselle brisée arbres qui oscillent.
VI: ressenti par tous. Difficulté à marcher
VII: ressenti en voiture. Dommages modérés dans les bâtiments bien construits
VIII: alarme générale. Dégâts aux bâtiments vulnérables
IX: Gros dommages à tous les immeubles. Crevasses dans le sol. Canalisations brisées.
X: Panique. Rails tordus. Crevasses. Glissement de terrain.
XI: Larges fissures. Ponts détruits
XII: Destruction totale. Ondulations. Panique incontrôlable. »

Mais qu'est ce qui provoque le déclenchement des séismes ?

Pour comprendre le mécanisme de déclenchement des séismes, il faudrait porter sa réflexion sur la tectonique des plaques.
La couche superficielle connue sous le nom de croute terrestre est composée de plaques dites tectonique. La tectonique, en géologie, est la science qui étudie le mécanisme de déformation et de dislocation des couches géologiques après leur formation.
La tectonique dite des plaques est donc l'étude des contraintes que subissent les plaques terrestres. Elle permet d'expliquer la formation et l'évolution de la croute terrestre au cours des temps géologiques. De là est née l'idée que les continentaux d'aujourd'hui ne formaient qu'un seul bloc il y a quelques 300 millions d'années: la Pangée.
Des similitudes au niveau de fossiles trouvées (notamment entre l'ouest de l'Afrique et le brésil) et une certaine complémentarité ou emboiture entre les continents viennent appuyer la thèse sur «la Pangée».
Le mouvement continue des plaques lithosphériques pose les bases du déclenchement sismique. En effet les plaques se déplacent relativement les autres par rapport aux autres de quelques 1,5cm à 20 cm par an.
On peut quantitativement donner une estimation du nombre de plaques recouvrant la croute terrestre:
-la plaque nord-américaine

- la plaque sud-américaine
- la plaque pacifique
- la plaque des caraïbes
- la plaque de cocos
- la plaque de nazca
- la plaque de juan de fuca
- la plaque d'Afrique
- la plaque eurasienne
- la plaque Arabe
- la plaque de l'inde
- la plaque d'Australie
- la plaque de l'antarctique
- la plaque des philippines
- la plaque scotia (plaque écossaise)

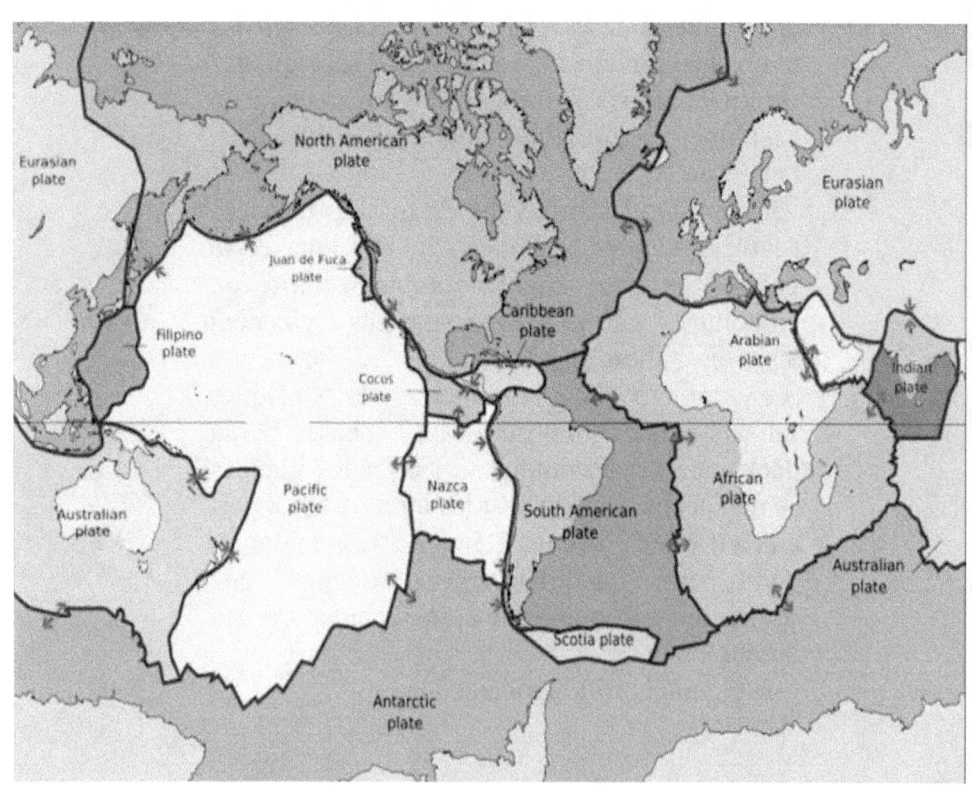

En tout donc environ 15 plaques ont été recensées.

Les chocs entre plaques étant inéluctables, lorsque deux plaques se rencontrent le choc qui se produit libère de l'énergie sous forme d'ondes dites ondes sismiques (il peut également y avoir des cassures au niveau des roches dues aux fortes contraintes). C'est la propagation de ces ondes *en surface* qui provoque d'énormes dégâts.
On peut ainsi, selon la profondeur du déclenchement, répertorier 3 types de séismes:

 -les secousses superficielles avec un foyer compris entre 0-70 km
 -les séismes intermédiaires entre 70-300 km
 -les séismes profonds qui vont au delà de 300km

Il existe trois catégories de séismes : les séismes tectoniques , les séismes d'origines volcaniques et les séismes artificiels.
Les séismes tectoniques englobent les secousses superficielles, intermédiaires et profonds. En réalité , ils se produisent en profondeur dans le sol.
Les séismes d'origines volcaniques sont le résultat de l'accumulation de magma dans un volcan . Les pompages d'eau profonds, les extractions minières et les essais nucléaires occasionnent également des séismes dits séismes artificiels.

Les ondes sismiques sont classées en deux catégories: les ondes de volumes et les ondes de surfaces.

- les ondes de volumes sont les ondes les plus connues. On a les ondes P appelées ondes primaires et les ondes S pour ondes secondaires.

- les ondes P (ondes primaires): aussi appelée ondes de compression ou ondes longitudinales sont des ondes qui sont caractérisées par le fait que le sol se dilate et se comprime (mouvement avant et arrière) successivement après leur passage. Elles se déplacent à une vitesse de 5 à 13 km/h selon qu'elles traversent la croute terrestre ou le manteau en profondeur.

- Les ondes S (ondes secondaires): elles portent aussi le nom d'ondes de cisaillement ou ondes transversales car les vibrations du sol sont perpendiculaires au déplacement horizontale de l'onde(haut-bas tout au long du déplacement). Leur vitesse de propagation est relativement lente avec 3 km/h dans la croute terrestre contre 7 dans le manteau. Cependant elles ne se propagent que dans les solides.

- Les ondes de surface sont moins rapide que les ondes de volume. Par contre leur amplitude est plus forte.

On en distingue deux types: les ondes de love et les ondes de Rayleigh.

- Les ondes de love sont des ondes ressemblant à peu près aux ondes S. La différence est qu'il n'y a pas de mouvements verticaux (de haut en bas) mais plutôt un ébranlement horizontale.

Ce type d'ondes est très destructeur bien qu'ayant une vitesse de propagation lente de 4km/h.

-Ondes de Rayleigh: ce sont les moins rapides et les plus particulières. En effet leurs déplacements est très complexe: ils sont à la fois horizontal et vertical. En fait ils donnent l'image d'une ellipse.

Cette approche définitionnelle globale donne une idée sur le mécanisme de déclenchement des séismes et de ses caractéristiques. Qu'en est il des zones à forte sismicité ?
Si la question de savoir quelle est la zone géographique de la terre à haut risque sismique se pose, on serait tenté de répondre: «la zone de l'Inde et de l'Indonésie» ! Il est vrai que dans cette zone il se produit assez fréquemment des séismes et *même 2009 en présage* , mais elle n'est pas la zone de forte sismicité.

La première est la Californie. État américain, la Californie est l'un des 50 États que comptent les États-Unis. Avec comme capitale Sacramento, il abrite les villes phares de Los

Angeles, San francisco, San Diégo. Son climat de type méditerranéen ne la laisse pas à l'abri de conditions subtropicales arides auxquelles elle est soumise dans le sud (notamment le désert, qui pourtant est une espace potentiellement riche).

Faisant parti des fleurons des États unis, la Californie garde une place de taille dans l'économie de la nation: l'industrie du cinéma à Hollywood, l'aéronautique; la haute technologie informatique, électronique, biologique; la chimie, la métallurgie, la mécanique, la construction automobile, l'armement, l'agro-alimentaire, le textile,..Le pétrole, le gaz naturel, les minerais de fer; le coton, la betterave, la pomme de terre, la viticulture,... une agriculture riche et diversifiée pour un secteur primaire de poids. Néanmoins la Californie n'est pas épargnée par les séismes, et même ceux de grandes envergures. La faille de San Andréas, une frontière de coulissage entre les plaques pacifique et américaine bouleverse la quiétude de la zone californienne. La chine et le japon présentent également une forte sismicité.

A titre d'exemple, en 1556 à Shaanxi en chine eut lieu l'un des séismes les plus dévastateurs de la planète : près de 850.000 morts. En 1976 à Tangshen (chine) un séisme d'une magnitude de 7,3 sur Richter fit environ 300.000 à 1.000.000 morts. A Tokyo en 1923, la secousse de 8,2 fit 99.331 morts.

Sur le site du secours populaire français : «*13 mai 2008 : un séisme de magnitude 7,9 sur l'échelle de Richter a touché la Chine provoquant la mort de plusieurs dizaines de milliers de personnes, et laisse dans le deuil et la détresse les sinistrés. Dans la province de Sichuan, plusieurs villes ont été rasées et les voies de communication sont impraticables.*

Avec son partenaire local, le Secours populaire met tout en œuvre pour apporter une aide directe aux milliers de sans-abri. Cette terrible tragédie intervient au moment où le SPF se prépare à faire partir des jeunes sportifs français méritants, issus de foyers modestes, rejoints par des jeunes chinois afin d'assister aux jeux olympiques et remettre des systèmes de potabilisation d'eau en faveur des familles démunies dans le Gansu.

Face à cette catastrophe, le Secours populaire lance un appel aux dons financiers afin de répondre au plus près des besoins des populations affectées par ce tremblement de terre en coopération avec son partenaire local.»

- TSUNAMI

Les tsunamis font partie également de la catégorie des séismes. Ce sont de gigantesques vagues créées par des ondes de choc que produit un séisme sous-marin. Revenons sur celui de 2004.

« *Le 26 décembre 2004, «à 00h59 GMT» un séisme de magnitude 9 sur l'échelle de Richter frappe, dans un rayon de 2000 km la zone indonésienne et indienne: du large de Sumatra aux îles Andaman. Ce séisme sous-marin, enregistrée par l'institut américain de surveillance géologique (USGS) a également touché la Thaïlande, les Maldives et le Sri Lanka .*
L'onde marine fût même ressentie jusque sur le littoral oriental de l'Afrique où des dizaines de morts et disparus ont été comptabilisés au Kenya, en Tanzanie et en Somalie. A quelque 6 000 km à l'ouest de l'épicentre: des vagues meurtrières, gigantesques de près de 10 mètres se propageant à plus de 800 km. Le bilan humain est lourd: près de 227 000 morts recensés.
Témoignage : «"Il s'agit peut-être de la plus grave catastrophe naturelle de l'histoire récente car elle touche tellement de zones côtières très peuplées, tant de communautés vulnérables", a déclaré sur CNN Jan Egeland, coordinateur des secours d'urgence des Nations unies. »

L'Indonésie compte 128.803 morts, le Sri Lanka 31.000 morts, l'Inde 12.405 morts et la Thaïlande 5 399 morts.

Selon Paul Taponnier directeur du laboratoire de tectonique à l'Institut de physique du globe, à Paris « L'interface entre la plaque Inde / Australie et la plaque asiatique, une grande faille inversée, a glissé brutalement, en 1 minute 30 maximum, d'une dizaine de mètres »

« En 1960, un tsunami qui s'est abattu sur le Japon, à une vitesse de 750 km/heure, résultait d'un séisme au Chili ayant soulevé de neuf mètres un territoire aussi vaste que la Californie.

En septembre 1992, un tsunami a détruit les habitations de quelque 13.000 personnes sur les côtes nicaraguayennes. <u>Deux mois plus tard</u>, des villages de Bali (Indonésie) ont été balayés par une série de vagues gigantesques responsables de milliers de morts.

Le 17 juillet 1998, à la suite de deux séismes arrivés plutôt, un raz-de-marée avec trois vagues de dix mètres de haut a ravagé 30 km de la côte nord de Papouasie-Nouvelle Guinée, rayant de la carte sept villages, faisant au moins 2.000 morts. »

Le spectre des séismes est d'autant grand qu'il faut plus que jamais prendre des mesures, tant dans l'immédiat que dans une perspective à long terme.

Mais pourquoi faire mention de l'Inde, et de l'Irak et parler également de séisme ?

La raison est simple ! 2009 s'annonce délicat pour ces zones et c'est pour tirer la sonnette d'alarme et de vigilance que cet écrit est élaboré . Les plaques eurasiennes et australiennes ont déjà donné de leur couleur.

Le Dimanche 18 janvier 2009, la chine fut le foyer d'un séisme de magnitude 4,5 sur l'échelle de Richter, causant des dégâts matériels en terme d'effondrement de bâtiments, mais sans victimes civiles notoires. Le lendemain, lundi 19 janvier à un jour de l'investiture à la maison blanche du premier président noir américain, la Nouvelle-Calédonie logée sur la plaque australienne est le repère d'un séisme. 6,9 sur Richter selon L'institut de géophysique américain(USGS).

Déjà le jeudi 15 et le vendredi 16,deux séismes se sont signalés dans cette zone.

L'article tiré sur le site web «www.lemonde.fr» dit ceci: « *un fort séisme de magnitude 6,9 a secoué lundi les îles Loyauté, dans le territoire français de Nouvelle-Calédonie, sans faire de dégât ni de blessé, selon la gendarmerie.*

La gendarmerie de Lifou, principale île des loyauté, ainsi que celle de Maré ont indiqué à l'AFP que la secousse n'avait pas du tout été ressentie sur place.

L'institut de géophysique américain (USGS) a annoncé qu'un séisme d'une magnitude de 6,9 s'était produit jeudi à environ 334 kilomètres de Tadine (île de Maré) et 455 kilomètres de la capitale calédonienne, Nouméa, à 3:35 GMT et à 52 km de profondeur. Aucune alerte au tsunami n'a été émise.
Vendredi dernier, un séisme de 6,8 degrés de magnitude s'était déjà produit dans la région, n'engendrant aucun dommage.

La Nouvelle-Calédonie se situe à l'endroit où se rencontrent des plaques continentales à l'origine d'une activité volcanique et sismique intense.»

Ce même quotidien reprend pour le 18 janvier : « *un séisme de magnitude 6,7 a secoué les îles Kermadec, situées à 1.000 km au nord de la Nouvelle-Zélande lundi, selon l'Institut de géophysique américain (USGS).*

L'épicentre de la secousse, enregistrée à 02h11 (14h11 GMT dimanche), a été localisé à 80 km au sud de l'île Raoul, la plus grande et la plus septentrionale des îles de l'archipel des Kermadec, à une profondeur de 10 km. L'archipel est inhabité, à l'exception de l'île Raoul où se trouve une station d'observation. L'activité sismique et volcanique est fréquente dans cette zone de la ceinture de feu, où la plaque Pacifique rencontre plusieurs autres plaques tectoniques.

Ces quatre derniers mois, des secousses de 6,7, 7,3, 6,5 et 6 y ont été enregistrées. Il y a deux ans, une personne avait été tuée sur l'île Raoul dans une coulée de boue à la suite d'une éruption volcanique consécutive à un tremblement de terre.»

Le 04 janvier, la Papouasie, province occidentale de l'Indonésie, fut secouée par un séisme d'une magnitude de 7,6 et de 7,5 degrés. Bilan: 3 personnes récupérées sous les décombres et un hôtel effondré. Or le 18 les iles kermadec sont touchées (iles situées au nord de la nouvelle Zélande) et le 19 c'est au tour de la Calédonie. Ces trois zones sont toutes situées sur la plaque indo-australiennes et toutes confrontées à la plaque pacifique (elles sont situées dans des zones de subduction ou de coulissage).

Le rapport est direct. Depuis le 4 janvier avec le séisme de Papouasie, les plaques pacifiques et indo-australiennes nous ont bien montré leur déplacement et ce qui pourrait bien se passer.

le 9 janvier 2009 l'AFP publie un article sur son site concernant le séisme qui a atteint le centre du Costa Rica. Bilan : « 20 morts et environ 17 disparus, ont annoncé mardi les autorités de San José. »

Vu que les plaques se côtoient, lorsqu'une plaque s'enfonce en dessous d'une autre qu'est ce qu'il en est du prolongement, sur les autres parties ? Une subduction d'un coté peut elle entrainer une cassure d'un autre coté ? Lorsqu'une plaque se déplace, son mouvement peut il crée des cassures dans un endroit opposé à son sens de déplacement ? Est ce un genre de jeu de plaque où le mouvement d'une plaque n'est pas sans conséquences pour les plaques environnantes ?

En terme de vitesse relative de rapprochement, les plaques indo-australienne et du pacifique, se rapprochent de 4 cm par an: dans la zone de la Nouvelle Zélande. Un peu plus au dessus au niveau de la Papouasie-nouvelle guinée, des iles Salomon et la nouvelle Calédonie, les deux plaques indo-australienne et du pacifique se rapprochent relativement de 11cm/an.

On est alors amener à se poser des questions. Puisque les plaques sont comme «liées» les l'une avec les autres, lorsqu'une plaque bouge et rencontre une autre, qu'en est il des autres avec qui elle fait frontière? Y a t-il des heurts, des cassures ? Peut-il y avoir subduction ou chevauchement dans un autre endroit ?

La plaque indo-australienne est une plaque qui se rapproche relativement de la plaque eurasienne d'une vitesse de 5cm/an. Lorsqu'il y a déplacement vers l'Est au niveau de la Nouvelle-Calédonie ou de la Nouvelle-Zélande que peut engendrer ce déplacement au niveau des autres plaques?

Le risque n'est pas négligeable et n'est pas non plus à négliger. Dans ce raisonnement probabiliste, il serait bon d'argumenter sur les éléments du passé pour se porter vers l'avenir (pour en avoir une idée), sur un jeu de puzzle !
Du coté de l'Irak et de l'Iran, c'est une zone de collision que l'on retrouve entre la plaque arabique et la plaque eurasienne.
 Les plaques arabique et africaine s'écartent relativement de 2cm/an tandis qu'au nord, se fait un rapprochement de 2,5cm entre la plaque arabique et eurasienne. Ces dernières se rapprochent plus vite.

Ce jeu de rapprochement et d'écartement des plaques avec en plus les secousses qui sont déclenchées est à prendre en compte pour la suite des choses !

« Le calme sismique » des massifs montagneux suscite également l'effroi.
Les perturbations climatiques, et le réchauffement amplifie également les contraintes dans la croute terrestre.
L'analyse des déformations dans la croûte terrestre passe par plusieurs étapes successives: L'analyse descriptive qui consiste à caractériser la géométrie tridimensionnelle des structures et des fabriques à partir d'observations sur le terrain.

L'analyse cinématique des structures qui passe par la caractérisation de la direction et du sens du mouvement qui permet d'évaluer comment la croûte terrestre change de forme en passant d'un état initial non déformé à un état final déformé. Et enfin, La troisième étape qui relève de l'analyse dynamique de la déformation de la croute et qui est basée sur l'étude des forces et des contraintes qui s'appuie sur les théories de la mécanique des roches et des lois de la physique.

Il serait, par conséquent, bon de surveiller les contraintes actuelles qui s'exercent à l'intérieur des plaques, surtout dans les zones indo-australiennes et arabiques. Pourquoi «surtout dans ces zones» ? En moins d'une décennie, 2001-2009, cette zone est la seule à avoir été la plus affectée par des séismes, avec plus d'une centaine de milliers de victimes. Une zone sensible. Et les séquelles sont encore présentent .Au dernières nouvelles l'Alaska (fin janvier) et l'Indonésie (12 février 2009) furent secouées. Des preuves d'une activité interne.

Parallèlement, un silence règne: celui des *massifs montagneux*. Si les résultats sont positifs: délocaliser les populations, Mettre sur pied les ressources humaines, assurer l'approvisionnement nécessaire: Eau potable, nourriture, matériels d'hébergements, constituer des réserves et protéger les pipelines, développer un plan de gestion des ressources énergétiques.

Dans tout les cas les divers séismes qui se déclenchent dans ces zones indo-australiennes doivent faire appel à la vigilance pour cette année.

⊥ Approche d'un appareil pour évaluer les contraintes dans la croute terrestre et détecter les séismes dans leurs phases naissantes :

Appareil permettant de détecter un séisme dans sa phase naissance, de prévenir un séisme.

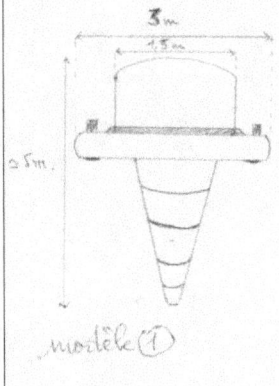

modèle ①

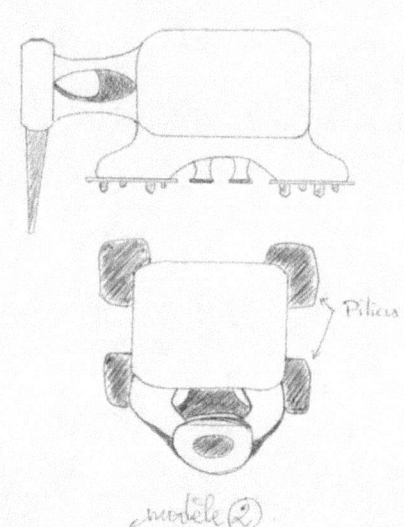

Piliers

modèle ②

Appareil à mettre dans les zones ~~_____~~ à risque sismique, pour prévenir tout déclenchement, évolution et dégats que peut causer le séisme X.

SOMMAIRE

- **CONTEXTE GENERAL**

- **PRESENTATION DES DESERTS**

- **LE PROBLEME DE L'EAU**

- **LE PHENOMENE DU GEYSER**

➤ **Annexe:** Perspectives écologiques et économiques
➤ Développer l'énergie dans le désert ?
➤ La formation de pluie : le secret

Mauvaise gestion de l'eau ou pas, origines climatiques, démographiques ou non, le constat est clair : des personnes souffrent de manque d'eau. La demande ne cesse de croitre, le désastre s'en suit : aucunes solutions notables, sinon des restrictions. On compte par millions le nombre de morts, de survivants et de vivants menacés. La seule ressource pouvant être utiliser est pour beaucoup l'océan: des problèmes se posent également de ce coté. D'autres annoncent la fin. D'un autre coté la lutte se poursuit, malgré les statistiques qui tablent sur un état alarmant, et ce pour bien des années encore.

Le phénomène du geyser ! Les déserts regorgent d'un volume potentiel d'eau, prisonnière dans des réservoirs souterrains qui sont susceptibles d'être détecter et exploiter aux bénéfices des populations ! Au delà de cet aspect, par quelle loi des terres incultes peuvent elles devenir fertiles, se posent on la question ? Comment rendre l'agriculture exponentiellement productive ?
Une des clés passe par le **phénomène du geyser**.

On verra alors ,dans une approche donnant des principes, clés, pistes de réflexion et solutions, comment détecter les zones abritant des réservoirs d'eau souterrains, les clés d'or pour transformer le désert en forêt et faire de ces espaces désertiques des pôles de développement économiques stratégiques .

LES DESERTS DANS LE MONDE

Deux facettes climatiques pour différencier ces grands espaces inhabités aux milles inspirations: le froid et le chaud à l'image de l'antarctique et du Sahara.

Le plus grand désert froid du monde : l'antarctique, un espace vraiment froid, inhabité, seulement visité pour des explorations scientifiques. Une étendue de glace, située au pôle sud, à 66 degrés de latitude sud portant à elle seule 90 % du stock de glace du monde et les réserves mondiales d'eaux douces.

Elle présente un caractère époustouflant: en été sa superficie est d'environ 4 millions de kilomètres carrés, en hiver elle double .Ce phénomène est due à la glaciation de la surface de la mer rattachée à sa périphérie qui étant ainsi ses limites et double sa superficie. Sa plus grande température enregistrée, le 24 Aout 1960 à la station Vostok atteignait -88,3 degrés, la plus basse température jamais enregistrée sur la terre. Des vents soufflants à des vitesses de 320km/h viennent confirmer son caractère climatique unique et exceptionnel.

Vu de cet angle, le désert ne semble pas être un lieu aride, inhabité, parsemé d'une faible végétation comme on le croit.

Le terme désert est d'origine latine et signifie «abandonné».Il désigne un espace vide, hostile à toute manifestation de vie.

Le désert n'est donc pas de prime abord un lieu ***aride*** <u>et</u> ***sans habitants*** mais plutôt et d'abord un lieu sans habitants, sans vie, vide, abandonné.
Par classification, maintenant, on en vient à en distinguer plusieurs selon le type de climat, le type de végétation, la zone géographique,...

Ainsi, il existe différents types de déserts: les déserts froids, les déserts tropicaux et subtropicaux, les déserts littoraux, les déserts continentaux ou d'éloignements, les déserts d'abri.
Mais avant de passer à l'étape définitionnelle, donnons une autre vision du concept « désert ».
Le concept «désert» signifie: **D**éveloppement **E**xcellent et **S**tratégique d'un **E**space à **R**econvertir **T**otalement.
Un désert est un pôle de développement systémique qui présente un ADN propre et particulier sur la base duquel cet espace à reconvertir totalement doit être administré et développer. C'est une marque d'unicité que possède chaque désert.

Avant toute approche approfondie de ce concept, passons à la présentation des différents déserts.

- Les déserts tropicaux sont des déserts marqués par une constance climatique annuelle. La température élevée, peut avoisiner 50 degrés Celsius, voir plus, et les vents, secs, restent invariants tout au long de l'année.

Cette situation climatique s'explique par l'influence des anticyclones, qui sont des zones de hautes pressions atmosphériques qui empêchent les précipitations. C'est le cas du désert du Sahara, le plus grand désert chaud du monde, et même le plus grand du monde. Étendue en largeur sur 1500 km et en longueur sur 5200 km pour une superficie d'environ 9 millions de km carrés.(*un espace à reconvertir totalement !*)
En images !

- Les déserts subtropicaux, à l'image du désert d'Australie, sont rythmés par des étés courts et chauds suivis d'hivers froids et longs.
Ces déserts sont aussi qualifiés de ceintures sèches de la terre car c'est la zone ou s'articule les déserts chauds de la terre: dans l'hémisphère nord le Sahara, le Mojave, le Sonora, le désert d'Arabie, de l'Inde, d'Algérie, de Syrie, le Gobi...; dans l'hémisphère sud le Namib, le désert d'Australie, le Kalahari,...Le Gobi en image !

- Les déserts littoraux ou côtiers doivent leur appellation à leur façade tournée vers la mer. Leurs terres sèches sont dues aux courants marins.

En effet, les courants marins qui longent les cotes occidentales des continents contribuent à refroidir les vents. Les vents étant froid, ils ne peuvent absorber que très peu d'humidité. Le jour la brise marine se réchauffe au contact avec le sol ou elle absorbe l'humidité qu'il contient. La terre se dessèche. A titre d'exemple, on peut citer le désert d'Afrique australe: le Namib, le désert de l'Atacama (commun au Chili et au Pérou).

Zoom sur l'Atacama.

- Il existe aussi des déserts complètement renfermés au sein dans des continents: les déserts continentaux. Ces déserts trop loin des océans ne bénéficient pas de l'humidité transportée par les vents marins. En fait ces vents perdent de leurs humidités au cours de leur déplacement. Ces déserts ne peuvent donc en bénéficier. Le Grand bassin au Etats-Unis, le désert du Colorado,...en sont des exemples.
Le Colorado !

- A l'abri, «sous le vent» ! Ce sont les «déserts d'abri». Ils sont à l'abri sous le vent de hautes chaines de montagnes.

Lorsqu'un vent rencontre une montagne, celui ci monte en altitude. Dans son ascension il se refroidi, la vapeur d'eau se condense et il pleut. Seule la partie exposée au vent est sujet à cette pluie. Sur l'autre versant, l'air froid sec se réchauffe en redescendant et absorbe l'humidité du sol.

En exemple le Patagonie et le Mendoza en Amérique du sud, le Takha-Makun en Chine.

- L'arctique, l'antarctique et certaines zones qui reçoivent les vents froids venus des zones polaires constituent les déserts froids. L'Asie du nord qui subit les influences polaires est très froide en hiver. Certaines zones peuvent atteindre des températures chutant jusqu'à -50 degrés Celsius: les déserts d'Asie sont sujet à cette influence, ainsi que le désert de Patagonie et bien d'autres,...

Il en existe deux catégories: les déserts polaires et les déserts d'altitude situés en altitude sur les hautes montagnes tropicales.

D'après une estimation scientifique, les déserts couvrent environ 50 millions de kilomètres carrés soit le tiers environ des continents et en sont sur pratiquement tout les continents sauf l'Europe.

Le désert est donc un espace «abandonné» qui présente plusieurs caractéristiques et qui peut subir une classification suivant des critères naturels bien définis.

Le concept de «désert» revêt un autre sens, comme dit plus haut, qui permet de voir autrement cet espace.

Dire que le désert peut être transformé, cela peut sembler utopique ; mais il est à souligner que des études et recherches sont menées pour voir dans quelle mesure la culture de plantes adaptées au climat du désert peut éventuellement se faire pour enrichir le sol (des plantes consommant moins d'eau).

La ceinture sèche, celle des tropiques, qui abrite le plus grand nombre de déserts, chauds, est la zone qui porte également le plus grand nombre de populations souffrant de pénurie d'eau conjuguée à une famine accrue.
Des pays du Maghreb à ceux d'orient, d'Afrique noir Subsaharienne et d'Asie ,qui détiennent le point démographique mondial le plus élevé et qui regorgent de ces joyaux désertiques, cette ceinture, est la zone la plus exposée à la famine et au manque d'eau.
A la place du désert se cache la forêt, et il est tant de lui redonner sa place !

LE PROBLEME DE L'EAU

« Cette partie parlera d'elle même aux moyens d'extraits d'articles tirés sur Internet »

- **Extrait 1**

«Mais la Jordanie n'est pas le seul pays de la région à connaître ce que les experts appellent une situation de « stress hydrique ». Israël, la Palestine, la Syrie, l'Irak, le Liban et les pays du Golfe souffrent de plus en plus d'un déséquilibre structurel entre leur « capital » en eau limité et leur consommation en très forte croissance, compte tenu de leur rythme démographique et de leur développement économique.

Directeur général de l'International Center for Agricultural Research in the Dry Areas (Icarda), M. Adel El Beltagy souligne que **« l'écart entre les ressources en eau et la demande ne cesse de se creuser et que l'équation entre la disponibilité hydraulique et les besoins alimentaires devient chaque jour plus difficile à résoudre au Proche-Orient »**. Dans certains cas, les ressources «conventionnelles » (fleuves, rivières, nappes souterraines) ne suffisent plus à satisfaire les besoins de l'agriculture, de l'industrie et de l'approvisionnement des villes.

Ainsi, en Jordanie, le surpompage des nappes phréatiques atteint 180%, et dans la bande de Gaza les prélèvements effectués représentent le double de la ressource renouvelable.

« Les deux tiers des pays arabes disposent de moins de 1000 mètres cubes d'eau par habitant et par an, ce qui est considéré comme le seuil de pénurie », explique un rapport de la Ligue arabe.

A 500 mètres cubes, la situation devient critique et, à moins de 100 mètres cubes, il faut faire appel à des sources d'eau non conventionnelles, comme le dessalement ou la réutilisation des eaux usées.

Les pays du Golfe, la Jordanie, Israël et la Palestine se trouvent déjà dans ces deux dernières tranches. « Si rien n'est fait, le déficit en Jordanie passera de 155 millions de mètres cubes en 1999 à 485 millions en 2020 », estime M. Mohammed Shatanaoui, expert hydraulique à la Jordan University.
*« **Tôt ou tard, il faudra prendre des décisions difficiles et courageuses, car nous n'aurons plus le choix** », reconnaît M. Salameh Al Hiary, président de la commission parlementaire sur l'eau et l'agriculture, qui préconise l'instauration progressive d'une facturation pour l'eau d'irrigation.»*

- **Extrait 2**

«- Émeutes de la faim en Mauritanie et en Indonésie;
   - pillages de boulangeries en Égypte ;
-violents affrontements au Cameroun;
-grève massive au Burkina Faso contre la flambée du mil ;
-traumatisme des Mexicains contre la flambée du prix de la tortilla, leur nourriture traditionnelle;
-marche d'enfants contre la faim au Yémen;
-populations contraintes de manger des galettes de boue en Haïti.
-Sans compter les famines «structurelles» dans de nombreux pays africains. La liste est longue des manifestations montrant une aggravation de la fracture alimentaire.

37 pays sont aujourd'hui victimes de la hausse des denrées alimentaires de base, comme les céréales ou le riz. Nous assistons, en **ce printemps 2008**, *à une crise mondiale dont la conséquence est une confrontation de plus en plus violente entre les pays pauvres du sud contre les pays riches du nord.*

-Les chiffres sont là : depuis l'été 2007, les denrées alimentaires ont augmenté de 60% dans les pays pauvres alimentaires. Le prix du blé a doublé en quelques mois, celui du maïs a quadruplé en deux ans.

-En Thaïlande, le cout du riz a doublé en un mois. Et ce n'est pas tout.

En 2010, en raison de la hausse des prix due à la production de carburant, on prévoit que:

- *le maïs sera 20% plus cher,*
- *le soja et le colza + 26%,*
- *le blé + 11%, le manioc + 33%.*
- ***En 2020**, le maïs + 41%, le soja et le colza + 76%, le blé + 30%, et le manioc +135%.*

La crainte est grande que ces chiffres augmentent drastiquement dans les années à venir et que ces phénomènes touchent des pays jusque là relativement épargnés. Le FMI parle d'une crise grave dont les conséquences seront durables.
« Il faudrait deux planètes pour remplir les estomacs, remplir les réservoirs et préserver l'avenir de la biodiversité» explique Michel Griffon de l'Agence Nationale de la recherche, Département Agriculture et Développement durable. Autant dire : mission impossible!(mots de l'auteur). « La famine est un problème de type économique et de manque d'argent, pas de type climatique », soutient le prix Nobel d'économie, Amartya Sen.
Si rien n'est fait, d'ici 2050, certains pays d'Asie ou du Moyen Orient, où les sols cultivables sont déjà utilisés à 85%, seront incapables d'autosuffisance sur le plan alimentaire ».

*Aujourd'hui **1,1 milliard d'hommes n'ont pas accès à l'eau potable et à une eau sans danger** pour répondre à leurs besoins vitaux. Tous les ans, **2 millions d'enfants de moins de cinq ans meurent de maladies diarrhéiques liées au manque d'eau potable**.*

Il faudrait investir 1,5 milliard de dollars pendant 10 ans pour que les 300 millions d'africains qui n'ont pas d'eau potable puissent y accéder. Lorsqu'elle existe en abondance dans certains pays, elle est gaspillée.

Avant 2024, deux tiers de la population mondiale va vivre dans des régions qui connaitront des graves pénuries d'eau. *"Dans beaucoup de régions, les fermiers qui tentent de vivre de leur production et de générer un revenu font face à des menaces supplémentaires dues aux sécheresses répétées et à la compétition pour se procurer de l'eau ", déclare Pasquale Steduto chef du département « eau » du FAO.»*

- **Extrait 3**

«L'eau douce est une denrée rare et précieuse : elle ne représente que 2,5 % de toute l'eau présente sur terre, le reste étant de l'eau salée. **Or, selon l'Organisation Météorologique Mondiale, « une grave pénurie d'eau risque de se produire d'ici 50 ans », conséquence d'une mauvaise gestion des réserves, de la pollution et de la poussée démographique.**

Déjà, aujourd'hui, plus d'un milliard de personnes n'ont pas accès à l'eau potable. La consommation d'eau dans le monde a été multipliée par six en un siècle.

D'ici 2025, la quantité d'eau disponible par personne pourrait tomber à la moitié du niveau actuel – qui est déjà deux fois plus bas que celui de 1960.

D'ici 2050, selon les Nations Unies, entre 2 et 7 milliards d'êtres humains seront confrontés à une pénurie d'eau. Parmi les régions les plus menacées, on trouve notamment le bassin méditerranéen (en particulier l'Afrique du Nord) et la péninsule arabique.

En Afrique, 150 millions de citadins, soit 50 % de la population urbaine, sont privés d'une alimentation en eau salubre suffisante, et 180 millions, d'un assainissement adéquat. En Asie, 700 millions de citadins, ce qui correspond là aussi à la moitié de la population urbaine, n'ont pas accès à l'eau potable, et 800 millions ne sont pas raccordés à un système d'assainissement. Les chiffres sont de 120 millions et de 150 millions respectivement en Amérique latine.»

La bonne nouvelle, le problème de l'eau n'est plus une impasse. Avant de donner la clé, il serait bon de brièvement définir le «*sol.*»

En géologie, un sol est définit comme étant la surface meuble de l'écorce terrestre résultant de la transformation des roches sous-jacentes. C'est une structure organisée, une formation meuble constituée d'un complexe organo-minéral qui résulte de la transformation superficielle des roches.

En chimie, un sol se caractérise par son pouvoir absorbant. Au sein du sol se trouve des colloïdes, une sorte de substance que peut caractériser l'argile. Grâce au pouvoir absorbant du sol, les ions minéraux se fixent sur les colloïdes pour former un complexe minéral, une sorte de réserve d'éléments nutritifs pour les plantes. Cette réserve est d'autant riche que le sol peut être qualifié de sol fertile. Ce n'est pas absolu.

Les cations métalliques, aussi appelés bases échangeables que sont les ions sodium (NA+), potassium (K+), magnésium (Mg+), calcium (Ca2+), seront attirés par les colloïdes électronégatifs présents dans le sol et qui constituent le complexe absorbant. Cette capacité d'absorption du sol permet de l'enrichir en éléments minéraux nutritifs, qui conditionnent ainsi, d'une part, sa fertilité.

Biologiquement, la présence de l'humus permet de déterminer la fertilité d'un sol. L'humus est une matière organique issue de la décomposition des débris végétaux et animaux. C'est un mélange complexe qui enrichi le sol.

La conjugaison de ce dernier au complexe minéral présent dans le sol donne naissance à un complexe organo-minéral riche en éléments.

Mais, l'humus est influencé par l'activité biologique, c'est à dire par l'activité des bactéries et des champignons présents dans le sol qui régulent et enrichissent le stock de cette matière organique. Cette activité biologique est elle aussi conditionnée par certains facteurs tel que le climat par exemple,...Donc sous un soleil accablant (celui du désert), l'activité sera quasiment impossible.

Mais qu'en est-il de la texture et de la structure du sol ?
La productivité d'un sol dépend de sa texture, sa structure est le mode d'assemblage de ses particules fines. Qu'est ce à dire ?
L'argile et le limon, les particules fines du sol, sont d'excellents réservoirs nutritionnels et d'eau, aux bénéfices des végétaux. Ces particules fines sont donc indispensables pour les plantes et déterminent donc la productivité du sol. Toutefois, l'excès de présence de ces particules, surtout l'argile, rendent les sols lourds, et difficiles à labourer. Il faut donc une régulation, qui se fait généralement par apport d'autres éléments minéraux. Par ailleurs, ces particules doivent respecter un mode d'assemblage précis: elles doivent être à l'état floculé, dans une structure grumeleuse.
Ainsi ce sont structure et texture qui commandent la porosité du sol, la circulation de l'air et de l'eau, important pour un sol.
A priori, le sol du désert ne semble pas respecter ces règles. La situation climatique (l'aridité) de ces zones ne semble pas favoriser une activité naturelle biologique.

D'après Monsieur Jacques Diouf, directeur général de l'agence de l'ONU pour l'alimentation et l'agriculture, qui fait savoir que l'urgence est bien réelle, surtout en Afrique : « Parmi les 36 pays affectés par la crise alimentaire dans le monde, 21 sont africains ». Ce fut lors d'une conférence ministérielle sur l'eau, l'agriculture et l'énergie en Libye.

A n'en plus douter, il y a de l'eau dans le désert. En 2004, le procédé WATEX de M. Alain Gachet à permit de forer près de 350 puits au Tchad et au Soudan abreuvant ainsi des milliers de personnes. Comment reverdir le désert, et administrer à la fois le territoire dans une perspective économique de pointe et dans une vision durable.

En termes d'administration, il est question d'une perspective durable en matière de gestion et d'administration du réseau hydraulique, d'une agriculture intégrée dans un système économique de pointe, une administration systémique de pointe dans une perspective durable aux bénéfices de ces zones et du monde,...

Comment donc transformer le désert ? Quelles sont les *clés* ?

LE PHENOMENE DU GEYSER

Partons d'un texte.

«Voici les origines des cieux et de la terre, quand ils furent créés. (...), aucun arbuste des champs n'était encore sur la terre, et aucune herbe des champs ne germait encore: car (...) Dieu n'avait pas fait pleuvoir sur la terre, et il n'y avait point d'homme pour cultiver le sol. Mais une ***vapeur*** s'éleva de la terre, et arrosa toute la surface du sol.»

Ce texte fait ressortir certains détails très important :
1. *"Aucun arbuste des champs,..., aucune herbe..."*:autrement dit un lieu **désert**, sans vie, abandonné.

2. l'eau est indispensable à la vie, et l'action de l'homme pour entretenir et pérenniser cette vie (avec les termes *"pleuvoir sur la terre"* et *"point d'homme pour cultiver le sol"*). (***cela est connu !***)

3. une *"**vapeur** s'éleva de la terre et **arrosa** toute la surface du sol"* ! Une autre version donne : *"...**une sorte de source jaillissait** de la terre et arrosa la surface du sol."*

C'est un **GEYSER** ! Le terme vient d'un mot islandais « Geysir » qui signifie «jaillir».

Il fut utilisé pour qualifier des jets d'eaux issues de sources souterraines.

Dans la version anglaise, les termes «vapeur» et «source» sont traduits par le mot "mist" qui signifie "buée" ou "brume".
Autrement dit ce qui à donner la vie, ce qui à permit aux plantes de naitre,..., c'est bien entendu l'eau mais **pas n'importe quel type d'eau, pas de l'eau simple, je dirais fraiche, mais une eau chaude sortant d'une source.**

Les geysers actuels le montre bien. L'eau «fraiche» à longtemps servi à labourer et entretenir le sol: la pluie, l'irrigation,..., mais pour ce qui est du désert, elle doit être sous une autre forme et présenter une autre caractéristique.
La clé qui permet de transformer le désert en forêt est :
« Le geyser » qui prend en compte le cycle de l'eau, puis l'hydrolyse de l'eau.
L'action de ces éléments donne naissance à la forêt.

Selon le texte, c'est après cette action que la terre devint propice à toute forme de culture. ***Cette action de l'eau, réchauffée par le magma, a permit de rendre fertile un espace qui ne l'était pas !!!***
(Toujours est-il que c'est de l'eau mais de l'eau chaude au départ !)

Des questions peuvent déjà se poser:

- *Qu'en sera t-il si l'expérience était tenté ?*
- *Quelle peut être l'effet de l'eau sur un sol aride ?*
- *L'évaporation de cette eau dans l'air chaud qui s'en imprégné ?*
- *Le climat est il susceptible de changer ?*

Si la quantité d'eau libérée est grande et que, due à la chaleur, l'évaporation s'en suit, gorgeant ainsi d'eau l'air: le problème de pluie sera t elle résolu ?

- **Geyser**

C'est une source d'eau *jaillissant* de manière intermittente en une gerbe de vapeur et d'eau chaude (*définition tirée de l'encyclopédie universelle Encarta version 2007*).
Pourquoi le geyser ? Parce que les déserts regorgent de réservoirs d'eau souterrains. Il faut pour extraire cette eau :
 -détecter ces réservoirs
 -les zones de failles pour faciliter la remontée de l'eau, afin qu'elle arrose le sol de façon naturelle. Le réseau hydrographique se trace naturellement.

- ***Cycle de l'eau***

Pourquoi parler de cycle de l'eau ?
La vapeur d'eau chaude libérée lors du jet d'eau est celle dont on parle.
Sa particularité ?
L'évaporation sera plus rapide et plus facile. Mais son bien fait se trouve dans l'hydrolyse.

- *hydrolyse de l'eau*

L'hydrolyse est la décomposition d'une substance ou d'un corps par fixation de l'eau.

Vu que l'eau est chaude, il sera plus facile pour les ions H+ et OH- de se fixer sur d'autres corps présents dans l'air et dans le sol.

Le phénomène du **GEYSER** est la *solution* au *problème de l'eau* et même de *la famine*.
M. Alain Gachet, par son invention le procédé WATEX (Water Exploration) qui permet d'explorer les nappes souterraines, à permit de forer quelque 350 puits au Tchad et au Soudan en 2004 abreuvant ainsi «des centaines de milliers de réfugiés».C'est confirmé que dans ces lieux pratiquement désertiques se cache un monde hydrique souterrain ! Pour ce qui nous concerne, notre objectif n'est pas seulement de répondre à ce besoin en eau mais aussi de « Transformer ces lieux désertiques en forêt » et de donner «l'administration stratégique propre à ce territoire» à travers un «principe d'or» qui est maintenant révélé aux bénéfices des peuples !

C'est donc un geyser à l'échelle du globe, qui a transformé la terre désertique, en un espace fertile ! L'existence de nappes d'eaux souterraines dans les zones désertiques n'est pas à exclure!

Des questions, encore, se posent :
-*Existe t-il des poches d'eaux souterraines dans ces grands déserts chauds tels que le Sahara, le Namib, l'Australie,...*
-*Que pourrait révéler une cartographie du sous sol de ces déserts ?*

-Quelle est la différence entre l'action de l'eau **chaude** et de l'eau «***simple ou fraiche***» qui est communément utilisée sur le sol?

Les clés de la transformation ou du changement du désert en forêt reposent sur trois éléments (qui nous semblent insignifiants):
- **le phénomène du geyser** qui favorise **le cycle de l'eau**
- puis par **hydrolyse de l'eau,** on obtient **une terre «vivante», active et fertile.**

Hypothèse :

« L'hydrolyse de l'eau est la réaction chimique qui entraine la décomposition d'un corps en fixant les ions H+ et OH- issues de la dissociation de la molécule d'eau(H_2O).
Quel est le lien entre l'hydrolyse et la formation de boue? La combinaison entre chaleur et humidité permettra aux éléments minéraux dispersés dans le sol, et séchées par l'aridité prédominante d'être humidifier. Cette situation va favoriser le passage d'un état sec de ces éléments, à un genre de réanimation, à la manifestation d'une humidité plus ou moins collante(les particules fines du sol et la matière organique séchée seront sollicitées, «réanimées»). En se refroidissant l'eau permettra de recruter ces éléments et ainsi de former une terre fraiche, active et fertile ! Un genre de réanimation.»
En fait ce caractère compact et sec du sol désertique sera dénoué par l'eau : cette eau, chaude, qui rompra les liens de compacité et de « sécheresse ».

Geyser: (solution *au problème d'eau !*)

Le mot « geyser » est dérivé d'un terme islandais « Geysir » qui signifie jaillir. C'est donc un jet d'eau et de vapeur chaude qui peut atteindre des hauteurs records d'environ 100 mètres .L'eau est prisonnière d'un réservoir souterrain.

Du fait de sa proximité avec le magma, l'eau est portée à ébullition. Surchauffée, la pression s'accroit et pousse l'eau vers la surface à travers les fissures ou les failles dues à la tectonique des plaques. Il s'en suit alors un jet d'eau et de vapeur.

Au delà des performances, quel est son importance dans la résolution de la crise de l'eau.

Le rapport est simple et direct. *Les déserts sont des réservoirs potentiels d'eaux!* Comment ? Le cas d'Israël est probant: *le désert reverdira* ! Et il a reverdi ! C'est un exemple de développement. Des puits ont été forés au Tchad et au Soudan en 2004, grâce au procédé WATEX, de M. Alain Gachet: un exemple récent également.

Pour extraire cette eau de ces réservoirs souterrains, on se réfère au principe du phénomène du geyser.

Après avoir épluché le désert pour ainsi déceler les points d'eaux, on met en place un *mécanisme spécifique* pour extraire cette eau dans une perspective de développement durable suivant L'ADN de ce lieu.

Quelque part dans les saintes écritures, il est mentionné: « *Il change le désert en étang, et la terre aride en sources d'eaux* ».

Du désert, Israël a reverdi en forêt ! C'est donc un exemple référentiel applicable.
Ensuite, des exemples démontrent la présence d'eaux dans les déserts.
Sans cité des cas palpables comme les oasis, et celui de M. Alain Gachet cité plus haut, on a le cas d'Agar et d'Ismaël dans le désert:

«Abram répondit à Saraï: Voici, ta servante est en ton pouvoir, agis à son égard comme tu le trouveras bon. Alors Saraï la maltraita; et Agar s'enfuit loin d'elle.
L'ange de l'Eternel la trouva près d'une <u>source d'eau dans le désert</u>, près de la source qui est sur le chemin de Schur...»

Ce texte montre clairement que le désert regorge d'un réservoir d'eau souterrain avec l'expression *«<u>source d'eau dans le désert</u>»*.

Un autre exemple:

«... se leva de bon matin; il prit du pain et une outre d'eau, qu'il donna à Agar et plaça sur son épaule; il lui remit aussi l'enfant, et la renvoya. Elle s'en alla, et s'égara dans le désert de Béer-Schéba.(...). Et Dieu lui <u>ouvrit les yeux</u>, et <u>elle vit</u> un puits d'eau; <u>elle alla</u> remplir d'eau l'outre, et <u>donna à boire</u> à l'enfant.»

Le désert mentionné ici est le désert de Béer-Schéba. Une cartographie de ce désert peut donc être transposable et applicable à un autre désert actuel en vue de déterminer les points d'eaux potentiels; ou encore comme le dit le texte procédé par une autre approche : « ...*Dieu lui <u>ouvrit les yeux</u>, et <u>elle vit</u> un puits d'eau...*».

<u>Encore des exemples:</u>

- *"Ils arrivèrent à Elim, où il y avait douze sources d'eau et soixante-dix palmiers. Ils campèrent là, près de l'eau."*
- *"Voici, je me tiendrai devant toi sur le rocher d'Horeb; tu <u>frapperas le rocher</u>, et <u>il en sortira de l'eau</u>, et le peuple boira. Et Moïse fit ainsi, aux yeux des anciens d'Israël."*

Après avoir décelé les points d'eau, on passe à l'extraction. Pour cela, il faut un *<u>mécanisme spécial</u>* capable d'extraire *l'eau* et de le laisser façonner le territoire. Des forages peuvent être faits.

Pour ma part je propose un mécanisme particulier basé sur un modèle référentiel technologique : *le moustique* (insecte) !

Un bref exemple est présenté ci dessous.

Grâce à son anatomie et à sa physiologie (le fait de sucer le sang), on peut concevoir un mécanisme capable d'extraire l'eau des poches souterraines rien qu'en se basant sur le modèle du moustique. *Un pur produit technologique novateur sorti du secret de la création !*

> **Images et schémas:**

Image 1

"A observer : La position d'ensemble : pattes-thorax-..."

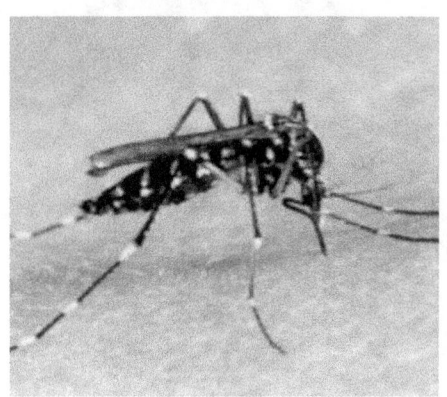

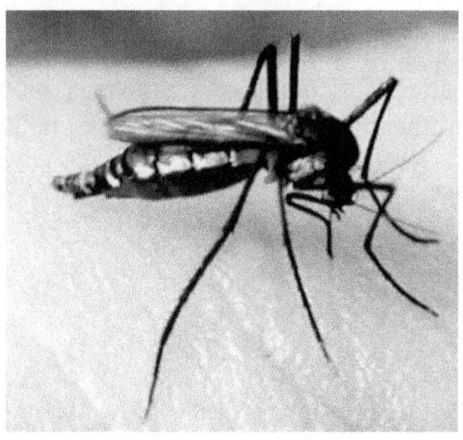

Image 2

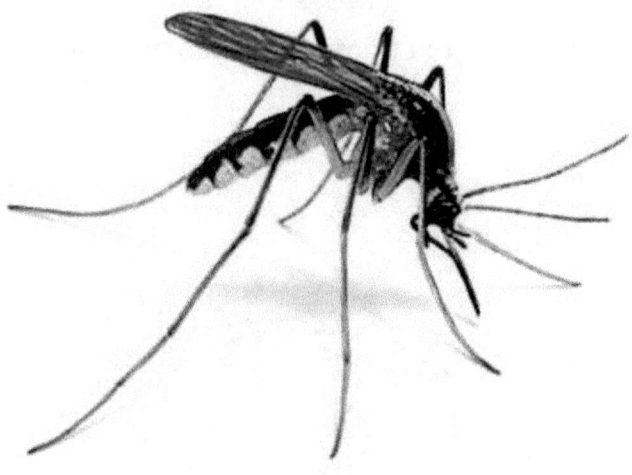

Image 3

"A observer: la perpendicularité: l'abdomen, les pattes et la tête les ailes. Le positionnement de la tête entre les pattes. Ces points sont transposables et applicables pour la conception d'un système!"

C'est un modèle technologique !

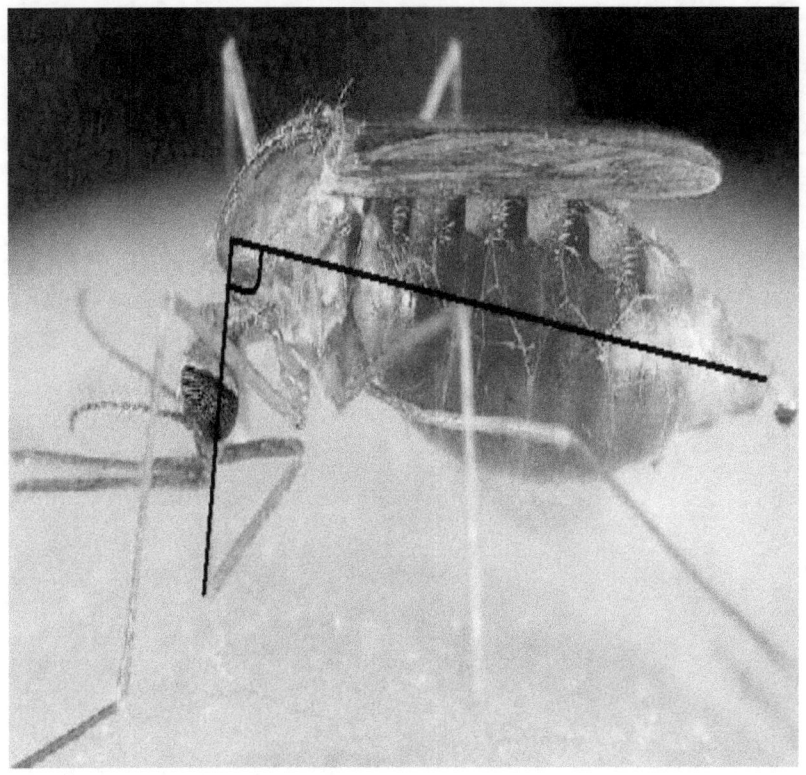

Schéma 1: REWFOD

schéma 2: vue de haut

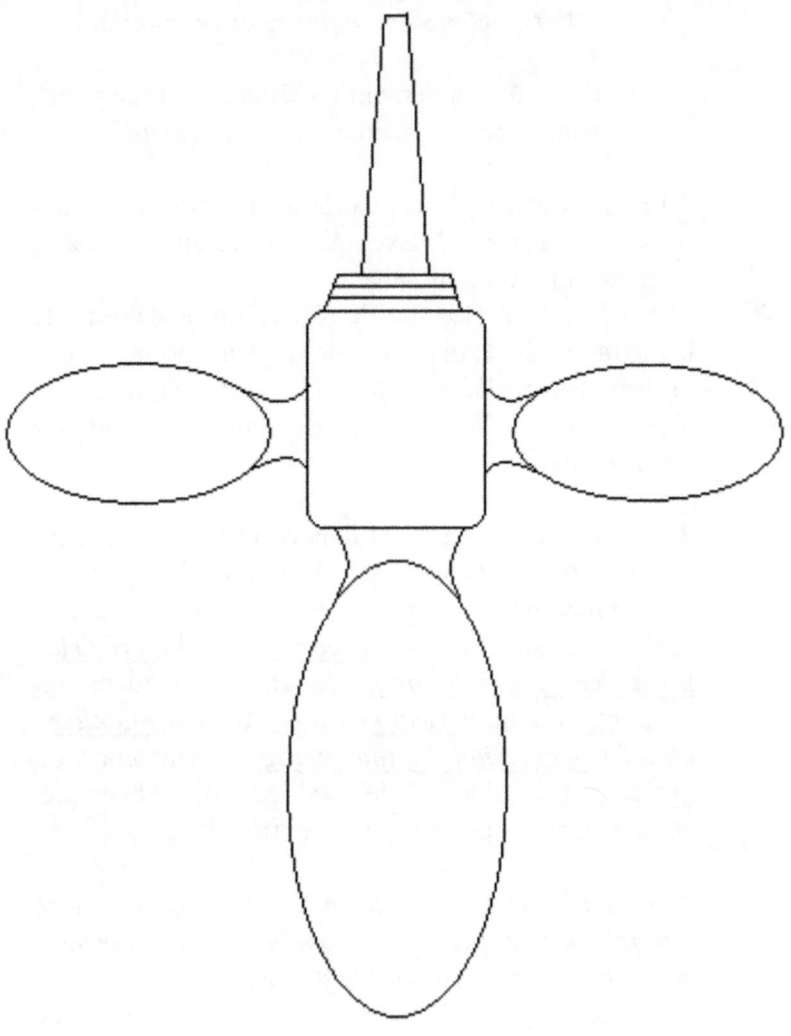

REWFOD: Restore Water and Forest in the land of Desert

- **ANNEXE:**

  o *Perspectives écologiques et économiques*

DESERT : Développement Excellent et Stratégique d'un Espace à Reconvertir Totalement

1) Reconvertir le désert en foret : Du "**désert X**",on passe à la "**foret X**". Exemple: du désert du Sahara, on passe à la foret du Sahara.

Le désert du Namib, de Thar, du Kalahari, de l'Australie, de l'Atacama, de la Californie,..., *des déserts susceptibles d'être reconverti en forets et d'être des pôles développement économiques significatifs!*

2) Le sable du désert peut déjà contribuer hautement à une activité économique florissante intégrer aux économies locales. Il peut être utilisé en céramique (ce qui se fait d'ailleurs) <u>***avec une touche créatrice novatrice exceptionnelle***</u>, peut servir dans <u>*la broderi*</u>e et donc <u>**le vestimentaire**</u> ; dans le <u>**mobilier**</u> ; dans la <u>**décoration de tout genre**</u> en s'inspirant du <u>design</u> des dunes de sables par exemple, etc....d'énormes perspectives significatives !

Non seulement le sable mais encore tout une banque stratégique de développement de cet espace à reconvertir totalement : le désert.

La gestion systémique de ces pôles de développement économique doit faire l'objet d'une analyse stratégique pour un développement excellent de ces espaces, dans une vision globale et profonde favorable à l'humanité !

En Octobre 2008, le journal « *l'étudiant automne* » publie un écrit sur la protection de l'eau: la privatisation de l'eau. Il écrit ceci: «*aujourd'hui, l'eau tend à n'être plus qu'un simple produit. Parler de privatisation de l'eau, revient à en faire un bien économique, une source de profit pour des multinationales, transformant ainsi l'usager en client, qui paient des prix de plus en plus élevés pour avoir accès à l'eau. (...) Ce faisant, on supprime le droit à l'eau pour en faire une marchandise.*»
Le problème de l'eau, ne doit en vérité pas faire l'objet d'une contrainte économique, un avantage.

Un exemple, selon le même journal : « *un recouvrement total des frais d'électricité et d'eau fait des exigences que doit satisfaire le Ghana pour continuer à recevoir des fonds des institutions financières internationales et un allégement de sa dette conformément à l'initiative des pays pauvres très endettés.*»
Selon un journaliste de la revue «fortune» y écrit dans un numéro de mai 2000 : « *l'eau promet d'être au XXIe siècle ce que le pétrole a été au XXe : le précieux liquide qui détermine la richesse d'une nation.*
La distribution d'eau sur la planète représente un chiffre d'affaire annuel de 400 milliards de dollars, soit 40 % de celui du secteur pétrolier. Les chiffres sont énormes!»

Il ne s'agit ici en aucun cas de décrier la position des multinationales ou d'entreprises chargées de distribuer ,dans ce réseau global de gestion des ressources hydriques, l'eau à toute la planète mais de donner des chiffres et de se pencher sur la situation critique de l'eau dans la majeure partie des pays du Maghreb, d'Afrique de l'Est du Moyen-Orient, d'Asie etc.

On n'en est pas encore à une situation de privatisation de l'eau. Nos regards se sont trop tournés vers une limitation naturelle des espaces drainés par les fleuves, les rivières,... Mais hélas pas vers la richesse hydrique dont regorgent ces déserts.

À ce moment où la privatisation de l'eau est en passe de devenir réelle, le défi est lance à toutes ces zones désertiques souffrant de manque d'eau! Le résultat sera garantit ! La clé pour recouvrir une agriculture florissante et exponentiellement rentable se cache dans ces «sous-sol» du désert.

On fore ces zones et laisse le réseau hydrographique se créé, le sol retrouvé sa splendeur,...Les mots peuvent sembler trop pousser, ou relever de l'idéalisme, c'est la raison pour laquelle ces zones sont mises au défi: « Il est temps de reverdir le désert en forêt !»

LES CHIFFRES:

D'après le journal de l'étudiant automne encore :
«97,5 % de l'eau qui recouvre la surface du globe est salée. 32 milliards de mètres cubes d'eau sont prélevés chaque année en France, 18 % relèvent des prélèvements pour la distribution en eau potable.

L'eau que nous buvons ne représente que 8 % de notre consommation domestique, le reste relève de l'hygiène et de l'entretien du domicile.

Les principaux pays utilisateurs d'eau la Chine, les États-Unis, le Pakistan et la Russie. À eux seuls, ils cumulent 60 % du total mondial. 70 % de l'eau sert à l'agriculture. Selon l'ONU, révèle que 6 millions de personnes pourraient être sauvés chaque année si on améliorait l'accès à l'eau.»

La position selon laquelle l'accès à l'eau doit être un droit universel, ont s'est trouvée confortée en janvier 2003 par l'observatoire générale numéros 15 du conseil économique et social de l'ONU. Il déclare ceci : « *l'eau est une ressource naturelle limitée et un bien public; elle est essentielle à la vie et à la santé. Le droit à l'eau est indispensable pour mener une vie digne. Il est une condition préalable à la réalisation des autres droits de l'homme* ».

La lutte contre la faim dans le monde que mène la FAO, organisation des nations-unis pour l'alimentation et l'agriculture, trouve son accomplissement dans cette reconversion des déserts!

L'agriculture est par définition l'ensemble des travaux ou activités destinées tiré de la terre les productions des végétaux et animaux utiles à l'homme. L'état du sol est donc très capital. La stratégie de reconversion fut donnée mais encore faut il savoir que la terre répond à une loi sine qua non: la loi des 7 années : six années de culture et un an de repos.

> Cartes et hypothèses :

Chaque désert dans le monde à une particularité, *un ADN* propre, une unicité bien définie ! On peut établir une corrélation entre le type de désert d'Israël avec les autres déserts, chacun pour sa part (puisqu'il est un modèle de changement, son cas est donc applicable).
Chaque désert est un espace stratégique de développement économique qui doit être reconverti totalement. Ils regorgent d'énormes volumes d'eaux. A titre d'exemple et d'hypothèse, prenons le cas du désert du Sahara:

- **CARTE 1: « Carte de Référence»**

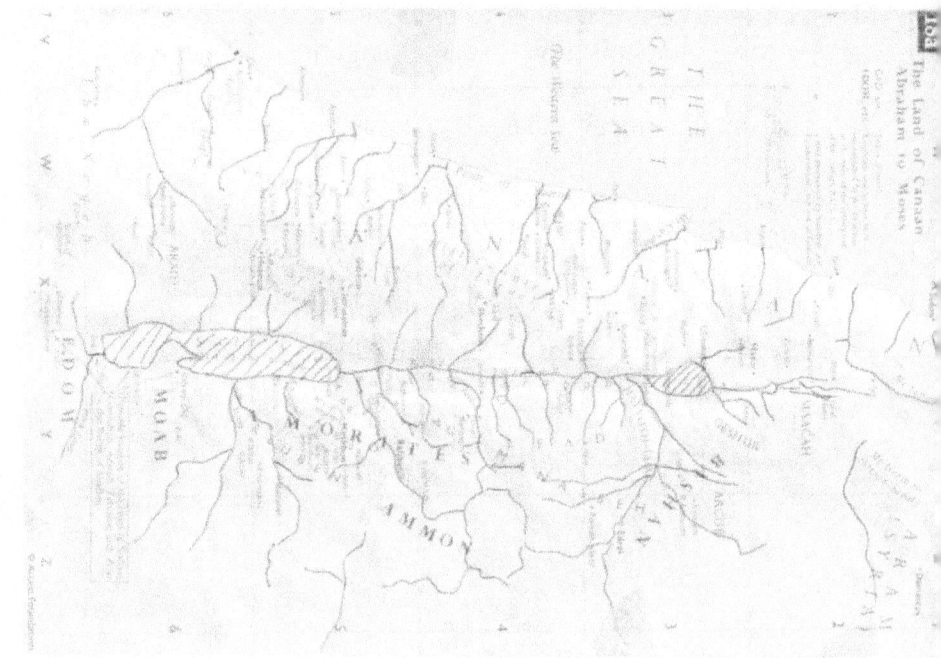

- **CARTE DU SAHARA (2)**

- Hypothèse de zones et d'un réseau hydrographique (3)

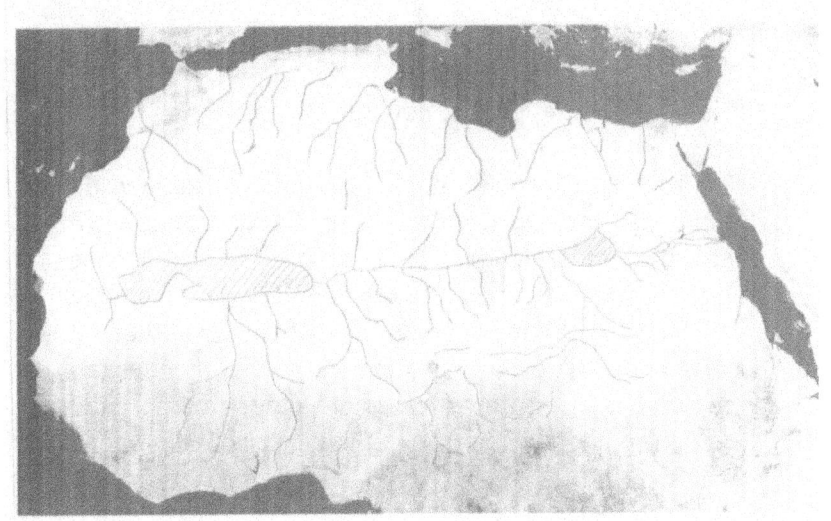

-hypothèses:

Les zones *Nord du Mali-Est de la Mauritanie* et même au sud de l'Algérie, *Libye-Tchad-Soudan* (Ce qui a été d'ailleurs pour le Tchad et le Soudan) regorgent de réservoirs souterrains énorme d'eau (*zones en raies*).
Non seulement le Sahara, mais encore chaque désert peut être structuré suivant ce modèle.
Comment le vérifier ? En:
-procédant à une détection satellitaire du sous sol de cette région ou de ces zones; ou par un procédé permettant d'éplucher le sol pour détecter des réservoirs d'eaux souterrains (comme celui de Alain Gachet).

- ◆ Est-ce uniquement ce désert du Sahara ? Non! Puisque chaque désert à sa particularité, un ADN unique, alors chaque zone abritant un désert est concerné.

  - ➢ COMMENT DEVELOPPER L'ENERGIE DANS LE DESERT
    (Une approche nouvelle)

Ce projet fut écrit en mi 2007 à la suite duquel, du coté des États-Unis, un projet sur l'électricité sans fil fut présenter. L'émission «Rayon X» de France télévision, à fait également mention de ce même type de projet dans l'une de ces diffusions où du haut d'une montagne était installé un émetteur d'ondes qui avait pour but d'alimenter un récepteur situe au pied de la montagne, rien qu'en émettant des ondes: donc en sans fil.

Ces deux cas ont consolide mes démarches en ce sens vu que le modèle élaboré pour ma part m'était original et également destiner au désert dans cette perspective de reconversion.

Le modèle de base ou modèle référentiel sur lequel repose cet appareil est «la synapse.»
La synapse est la zone de contact entre un neurone et un autre ou entre un neurone et une cellule ou le message nerveux est transporte sous forme de message électrique. C'est une conversion du signal électrique en signal chimique puis du signal chimique en électrique. Cette conversion est due à la fente qui sépare les deux neurones (ou le neurone et la cellule) appelée fente synaptique.

Cette nouvelle machine présente deux modèles:
 1) «le modèle combinée» qui utilise le sable du désert pour (1) amplifier la production d'énergie et (2) fournir, surtout, les éléments en verrerie, poterie et mobilier.
 2) « le modèle direct » qui est voué à la production d'énergie.

Le point commun entre ces deux machines est qu'elles produisent l'énergie et le transmet-en sans fil.

Une nouvelle vision du désert en termes d'énergie.

- **FORMATION DE PLUIE: LE SECRET**

La pluie est une précipitation qui atteint le sol sous forme de gouttelettes d'eau liquide dont le diamètre varie entre 0,2 et 10 mm. En général, leur taille se situe entre 3 et 6 mm. La pluie se développe souvent dans des nuages dont la température est inférieure à 0 °C. Donc, avant d'être sous forme liquide, les gouttelettes de pluie sont souvent des cristaux de glace ou des gouttes congelées. Ces particules congelées fondent lorsqu'elles pénètrent dans l'air plus chaud sous les nuages. C'est pourquoi elles arrivent au sol sous forme liquide.

L'air contient de la vapeur d'eau qui se condense quand il se refroidit, en montant en altitude. En outre, l'air ne peut contenir qu'une quantité donnée de vapeur d'eau pour une température déterminée. Ainsi, *«un mètre cube d'air à 20 °C contient 17,3 g de vapeur d'eau et à 0 °C seulement 4,8 g.»*
La vapeur d'eau, une fois condensée, tombe des nuages sous forme de précipitations, notamment de pluie. Il faut donc, pour que la pluie tombe, que les gouttes d'eau ou les cristaux de glace des nuages deviennent suffisamment gros et lourds pour tomber.

«Lorsque de l'air chaud arrive dans une zone d'air froid stationnaire, il se forme des stratus apportant avec eux la pluie. C'est par exemple le cas quand de l'air marin humide pénètre par l'ouest sur l'Europe. C'est aussi le cas lorsque de l'air froid, se mélangeant avec de l'air chaud stationnaire, provoque la formation de nuages abondants : les cumulus, suivis d'averses.

Cette arrivée d'air froid peut se faire non seulement par l'ouest, mais aussi par le nord .Si le refroidissement est important, la pluie se transforme en neige. Quant aux orages de chaleur, ils s'accompagnent de fortes averses.»

Prenons le cas de l'air chaud:

L'air chaud contient de la vapeur d'eau. Puisqu'il est plus léger que l'air froid il s'élève en altitude. Dans cette ascendance sa pression diminue et il se refroidit. Ce refroidissement provoque la condensation de la vapeur d'eau en fines gouttelettes minuscules *autour de fines particules de poussière (sels, embruns, etc.)* qui s'agglomèrent ensuite entre elles et grossissent.

La taille et la forme d'un nuage dépendent de la force et du degré d'humidité du courant ascendant appelé courant thermique. Ce sont eux qui donnent naissance aux nuages de dit nuage de convection.

L'air est chauffé par **le soleil** et il se dilate, s'allège et s'élève. La bulle d'air chaud monte alors, entraînant avec elle l'humidité du sol. Plus l'air s'élève, plus il se refroidit. À un certain moment, la température atteinte ne permet plus à l'humidité de rester sous forme de vapeur invisible: c'est la température du point de rosée. L'humidité se condense alors en gouttelettes d'eau ou en cristaux de glace pour former le nuage.

Mais cette formation de nuage et de pluie n'est qu'un aspect de la formation de pluie.

A supposer qu'il n'y ait pas d'eau dans un endroit, le bénéfice de l'évaporation de l'eau sera nul: c'est le cas du désert. L'air ne contient qu'une faible quantité d'eau, elle aussi chauffée et perdue (insuffisante pour donner de la pluie). Alors que faire? Se servir dans la mer ou l'océan pour abreuver les populations? Forer pour abreuver? C'est bien mais insuffisant!

Alors que faire ? VOICI LE SECRET DE LA FORMATION DE PLUIE (dans le désert)!

Pourquoi avoir parlé plus haut du phénomène du geyser ? C'est le point de départ !

L'eau provenant du geyser est suffisamment chaude à sa sortie. Du fait de sa chaleur, l'eau s'évapore gorgeant ainsi l'air de gouttelettes d'eaux augmentant par conséquent sa température. L'air est donc chaud! Plus la quantité d'eau émanant du geyser est grande, plus l'évaporation sera conséquent et donc la formation de nuage, pour ainsi dire de pluie, évidente et certaine!

Une loi du ciel(mais aussi une propriété) : la loi du miroir ! (on ne parle pas de réflexion)

Qu'est ce que cela signifie? Prenons l'exemple à propos. Au rappel, plus haut dans l'explication du geyser, nous avions dit que le mot «vapeur» en français était traduit en anglais par le mot «mist» qui signifie buée. Or dans la salle de bain, par comparaison, lorsqu'une douche est prise avec de l'eau chaude, on observe de plus en plus selon que

la quantité d'eau chaude libérée est significative, de l'humidité sur le miroir puis au fur et à mesure des gouttes plus grosses formées par l'amas de petites gouttes primaires.
Cet exemple illustre la formation de pluie pour le désert !
Le miroir ici est le ciel, initiateur de ce principe. S'il n'y a pas d'eau pour que l'effet de réchauffement solaire favorise l'évaporation, pas de problème! Il y a de l'eau dans des poches souterraines qui sont suffisamment chaudes, et significatives, pour être exploitées.
Un problème d'eau ou de pluie, ne doit plus se poser! Encore moins la famine! Le processus naturel est maintenant réinvité.
C'est de là que vient le processus de création.

En plus la loi de la capillarité des roches est le point d'ouverture de ces sources d'eaux intermittentes.

Le désert d'Éthiopie, de Libye, du mali, de Mauritanie, le Rub'al-Khâli,..., ces zones désertiques qui abritent des populations souffrant d'un déficit en eau et pour qui l'espoir de vivre encore un jour de plus s'évanouit rapidement, une action définitive doit être faite.

Endiguer les maladies liées à l'eau par des moyens plus performant en matières de traitement de l'eau afin d'enrayer, en exemple la guinée, le choléra,...

S'il est vrai qu'il y a un temps pour toutes choses, c'est qu'il est temps de reverdir le désert! Des démarches dans le sens des hypothèses est la première étape. Il ne restera plus alors qu'une volonté de changement !

Le parc de Yellowstone offre de belles figures de geysers, mais penser que ce phénomène peut être à l'origine d'une certaine création,...

Les écrits l'on révélé, les actions doivent le confirmer.

GAZ A EFFET DE SERRE

-

PROGRAMME THE <u>R</u>EAT:
<u>R</u>ECOVER <u>A</u>TMOSPHERE

« Les émissions de gaz à effet de serre (GES) sont identifiées de manière assez consensuelle comme **causes d'un dérèglement climatique global.** *L'augmentation de l'effet de serre est due principalement à la combustion de grande quantité d'énergies fossiles comme le charbon, le lignite, le pétrole ou le gaz naturel (méthane), ce qui rejette du dioxyde de carbone (CO2) en grande quantité dans l'atmosphère. »*

Le constat s'impose: « un dérèglement climatique global » dû aux émissions de gaz à effet de serre. Ces vingt dernières décennies ont enregistré de nombreuses conférences et sommets internationaux qui portèrent des axes écologiques hautement débattus: à RIO en 1992, le protocole de KYOTO en 1997 et sa ratification en 2005;conférences sur les énergies, des projets de loi sur la protection de l'environnement,...Sans nul doute l'environnement occupe une place très importante. A regard profond, on se rend compte que presque toutes ces conférences aboutissent à une stagnation ou une réduction des émissions de gaz à effet de serre sans pour autant solutionner le problème de gaz déjà émis et présents dans l'atmosphère ,qui présente pour le temps actuel un réel risque . On prévoit d'abord de réduire avant de trouver une solution plus objective mais le fait est qu'il est que les émissions continuent et les gaz s'accumulent dans l'atmosphère.

Plutôt que d'attendre qu'une solution concrète soit prise pour la réduction des GES, dans ce cadre seulement, il serait bon d'agir de façon simultanée:

On trouve une solution pour les gaz présents dans l'atmosphère, et pour ceux qui sont encore entrain d'être émis, tout en accentuant les démarches vers la réduction des gaz. Ce serait plus judicieux. Plus vite le problème est résolu, mieux ce sera.

Notre démarche consiste donc à résoudre le problème lié aux GES déjà émis et présents dans l'atmosphère, et qui sont ou qui peuvent être, d'une part, la cause «d'un dérèglement climatique».

Le programme nommé "THE REAT" pour "RECOVERY ATMOSPHERE" ou la "RESTAURATION DE L'ATMOSPHERE" donne une approche pour la résolution des GES. C'est un programme dit de « dépollution de l'atmosphère » qui à pour but de rétablir l'équilibre et l'état plus ou moins «initial» de l'atmosphère, avec comme base référentielle, de conception technologique, le système respiratoire, dans un composé explicatif et novateur, clé d'un nouveau départ.

- **PRINCIPE :**

Le programme de dépollution atmosphérique est basé sur le principe physiologique du système respiratoire. Il s'agit de développer un **système permettant d'aspirer ou d'arracher les gaz à effet de serre (et même «** *les hydrocarbures* **»)**
de l'atmosphère (l'excès), de les **stocker par différenciation** (dans des milieux spécifiques et appropriés) : dioxyde de carbone d'une part ,méthane d'autre part, etc... ; Puis de **les traiter** en l*es intégrant dans des programmes écologiques* (on y reviendra!), de *médecines*, de *recherches scientifiques*,...
Avant d'aller plus loin, il est bon de rappeler que les GES ne sont pas néfastes en soi. Mais c'est l'excès de présence de ces gaz dans l'atmosphère qui est susceptible de dérégler le climat.

La différenciation des corps ou gaz présents dans l'atmosphère se fait sur *la base de la densité de chaque gaz*. En effet à chaque gaz correspond une densité qui lui est propre (par rapport à l'air):

-L'hydrogène : 0,069
-Le dioxyde de carbone:1,53
-Le monoxyde de carbone:0,97
-L'oxygène :1,11
-Le méthane :0,55
-Eau (vapeur): 0,625

On joue alors sur *la densité d'un gaz par rapport à l'air* pour l'extraire de ce milieu.

On développe pour chaque gaz un emplacement ou un milieu de stockage qui lui est propre (Cette partie est à voir pour une éventuelle conception du système).
L'aspiration et *le stockage* se font sur la base des densités de chaque corps par rapport à l'air.
On prend comme référence la densité de l'air en établissant deux cas : cas ou l'air est chaud et où il est froid. Ces cas sont définis pour pouvoir effectuer l'opération de dépollution dans différentes zones géographiques à une quelconque saison de l'année.

(*A noter qu'il existe déjà une méthode permettant d'arracher le dioxyde de carbone de l'air.*)

- <u>QUELQUES ETAPES DE LA LUTTE CONTRE LE RECHAUFFEMENT CLIMATIQUE</u>

Tout d'abord certains accusent les deux tempêtes survenues en 1999 en France et sur une partie de l'UE d'être la cause d'un dérèglement climatique. Trois ans plus tard, en Allemagne notamment dans la ville de Dresde, le Danube et l'Elbe provoquent des inondations dévastatrices. 2003, 15000 décès surviennent en France. Pour cause: une canicule «exceptionnelle» de juin à Aout. 2005 l'ouragan Katrina frappe les Etats-Unis. 2006, l'Australie est bouleverse par des feux de forets. Aujourd'hui ce sont des vents violents, des inondations, du gel, de la grêle,...
Les conséquences de ces catastrophes pèsent encore sur le budget des États.
Pluies verglaçantes, vents violents, givres,...ne nous laisse pas indifférents.

Il serait judicieux d'allouer le matériel et les fonds nécessaires pendant qu'il est encore tant pour dégivrer surtout les zones agricoles(en cas de gel), assurer la protection et l'alimentation électrique,..., car ce sera difficile et très couteux de jouer sur deux fronts : la crise financière et une crise due à une éventuelle catastrophe naturelle.

1988 voit la création du groupe intergouvernemental d'experts sur l'évolution du climat (Giec), par l'Organisation Météorologique Mondiale et le programme pour l'environnement des Nations Unies à la demande du G7.Deux ans plus tard en 1990 le Giec publie son premier rapport confirmant la responsabilité humaine dans l'accroissement du phénomène de l'effet de serre, responsable du réchauffement climatique.

1992, signature de la convention de Rio lors du Sommet de la terre (convention-cadre des Nations-Unies) portant sur la stabilisation des concentrations de GES dans l'atmosphère à un niveau qui empêche toute perturbation du système climatique.

Conclusion du protocole de Kyoto ratifié à ce jour par 183 États. Il impose aux États industrialisés et à l'Union Européenne des objectifs de réduction d'émissions « des six principaux GES sur la période 2008-2012 ».

En 2001, les Etats-Unis rejettent le protocole de Kyoto «qu'ils jugent trop couteux et injuste ».Ils sont donc le seul pays industrialisé à n'avoir pas ratifié Kyoto.

2007, d'après un texte tiré du journal Tribune du 1er Décembre 2008 « le 4e rapport du Giec prévoit une *augmentation «probable»* de +1,8 à +4 degré C d'ici *2100* par rapport à 1990.

Les experts recommandent que les émissions de GES commencent à décroître des 2015 pour garder une chance de limiter le réchauffement à +2 degré C à la fin du siècle.»
Ces résolutions sont bonnes mais insuffisantes. Parce que plusieurs pays industrialisés continuent d'émettre, d'autres n'ont pas ratifié la convention; «*l'industrie risque de ralentir»*,...Il serait bon de faire d'une pierre deux coups! Procéder à un ratissage et mener à bien la réduction des émissions de gaz: le meilleur pôle d'entente.

> ### Le système *respiratoire*

Le système respiratoire est formé des **fosses nasales** qui sont reliées à la **trachée** et aux **poumons**, en passant par le pharynx et le larynx. Il a deux fonctions: *(1)*il **fournit du dioxygène** (O_2) au corps en le *(2)***débarrassant du dioxyde de carbone** (CO_2).

La trachée se divise en de multiples **conduits** chargés de transporter l'air aux poumons. Ces conduits sont appelés **bronches**. A l'intérieur des poumons, les bronches se ramifient de plus en plus en de fins conduits appelés **bronchioles**. Ils constituent les **arborisations terminales** des bronches.

Une sorte de petits sacs parcourus par des vaisseaux sanguins terminent les bronchioles.

Ces petits sacs jouent un rôle déterminant dans **l'activité respiratoire** car c'est à leur niveau que l'**échange gazeux** s'effectue:

L'oxygène de l'air passe des bronches au sang et le dioxyde de carbone du sang aux bronches.

Ces petits sacs sont appelés **alvéoles. Ce sont donc les alvéoles qui permettent ces transferts gazeux.** Elles jouent le rôle, couplé à l'activité respiratoire: inspiration-expiration, de régulateur gazeux : 02 -C02.

Le diaphragme qui est un muscle situé au dessous des poumons participe à la régulation de la respiration. Par exemple il nous permet de maintenir bloquer notre respiration.

- Coupe de l'appareil respiratoire

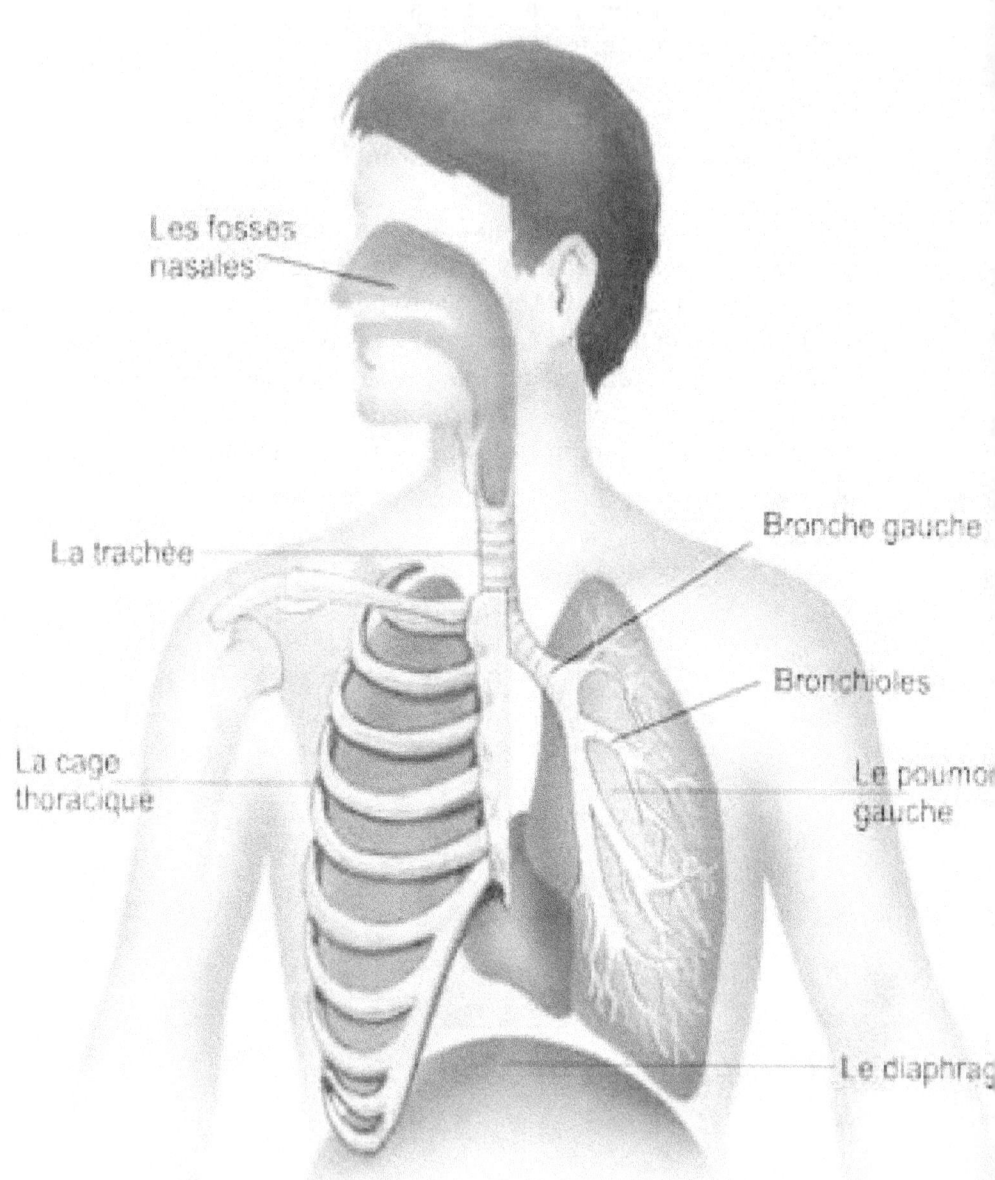

> *Transposition/Représentation*

Cette partie donne *les relations qu'il peut y avoir* entre le système respiratoire et la *conception d'un système* chargé de *l'aspiration* des gaz à effet de serre.

SYSTEME RESPIRATOIRE	ASPIRATEUR « A DENSITE ou DENSIDIQUE »
Ensemble Fosses nasales-pharynx-larynx-trachée	Ports aspirants et conduits de stockage
Bronches et Bronchioles	Conduits de stockage par différenciation (du plus grand au plus petit pour différents gaz)
Diaphragme	- Mécanisme de maintient de la différence de pression entre l'intérieur et l'extérieur (*cas ou les ports sont choisis ouverts*) - Mécanisme d'ouverture et fermeture (*cas ou l'ouverture et la fermeture des ports sont contrôlées*)
L'activité respiratoire: échange dioxygène-dioxyde de Carbone 1) Aspiration pour l'organisme 2) Échange gazeux	**"l'Aspi-Stockage Sélectif":A2S** L'opération d'aspiration se fait en deux étapes:

1) *l'Aspiration Groupé à Référence l'Air (A.G.R.A)*

C'est la première aspiration. Elle consiste à aspirer les gaz à effet de serre en prenant comme référence l'oxygène.
Cette aspiration se fait sur la base de la densité de chacun des corps.

2) *l'Aspi-Stockage par Différenciation (A.S.D)*

Cette étape constitue la fin de l'opération. Elle consiste à aspirer et stoker, via des **conduits propres** à chaque gaz (petits-moyens-gros), ces corps extraits de l'atmosphère.

Deux aspirations. La première: une aspiration générale; la seconde une aspiration sélective.

-L'aspiration peut être également chimique. C'est à dire que l'on peut créer un milieu qui permettrait de discriminer ou séparer de façon ostensible les corps.
Exemple: cas de l'huile dans l'eau ; d'un échantillon de sol plonge dans l'eau,...

	- Rendre les réservoirs de stockage propre à une compression puisqu'un corps gazeux tend à s'approprier tout le milieu dans lequel il se trouve.
Les poumons	Les différentes chambres de stockage des gaz.

> ***Programme écologique***

Le programme écologique à pour objectif simple de développer des « **serres** » **pour y intégrer les gaz arracher de l'air.**
Pourquoi des serres ?
On travaille de façon *naturelle et directe* sur la *photosynthèse*. On développe ainsi l'espace botanique dont on a besoin (culture de plantes et d'arbres) et par la même occasion, on pourrait tenter une approche de puits de carbone.
L'espace direct des industries doit être régit par des puits de carbone (il est question ici d'une végétation).
Les autres gaz, d'une part, seront traités dans un programme d'enrichissement du sol et d'autre part, seront utilisés pour la médecine ou dans des programmes de recherche,...

- **COMMENT EFFECTUER CETTE OPERATION:**

Cette opération de dépollution de l'atmosphère sous entend qu'il faut, pour la faire, être présent sur les lieux. Autrement dit être présent, dans la couche concernée de l'atmosphère. Il faut donc un système, un engin capable de le faire: un genre d'avion. Un engin électrique. Un modèle d'engin adapté à cette opération est présenté. On pourrait parler d'un genre d'aspiration à échelle nano-scropique: «une nano-aspiration»

Actions:

- déterminer les densités des corps : dioxyde de carbone, méthane, composés fluorés, hydrocarbures,...
- Localiser les zones de fortes concentrations des GES
- Ratisser ces zones

Cela permettra de repartir sur de bonnes bases concernant les émissions de GES.

Il sera peut être dit:«Pour arracher ces gaz de l'atmosphère, ce n'est pas une tache facile comme vous le dite. Il faut des éléments chimiques capables d'arracher ou de capter ces éléments,...»
.... !

EXEMPLE 1:

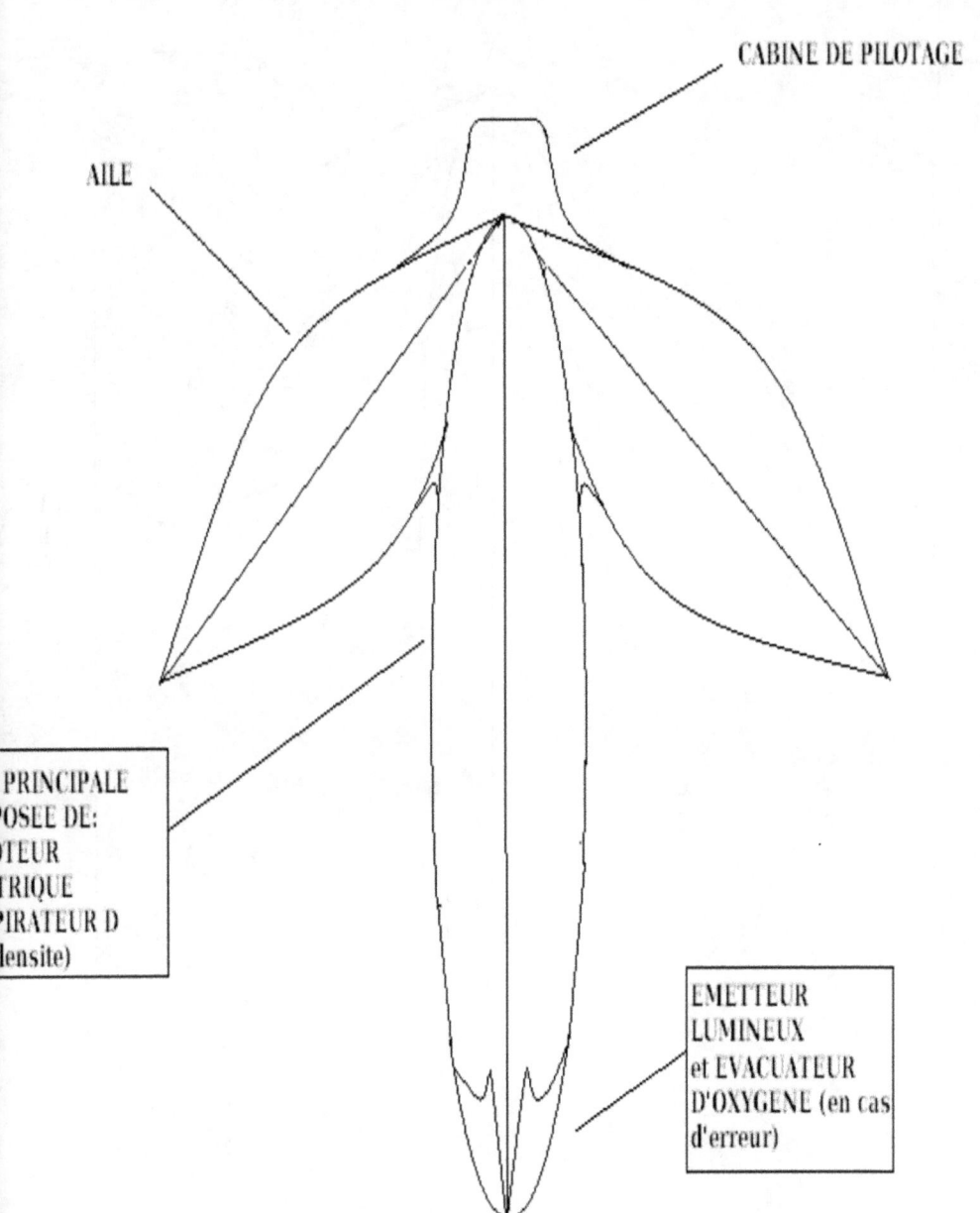

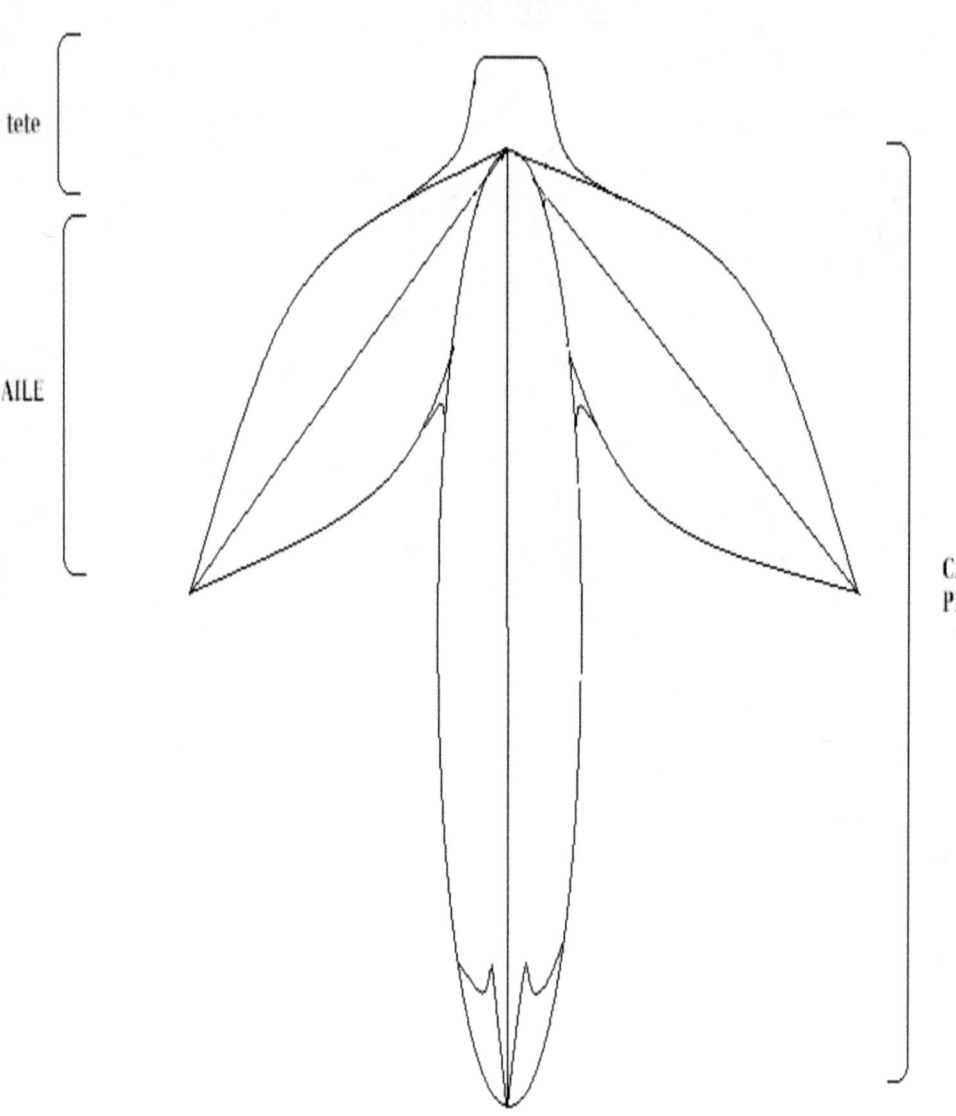

Engin volant permettant d'arracher de l'air les gaz à effet de serre.

① Cabine de pilotage
② Aile
③ Caisse principale

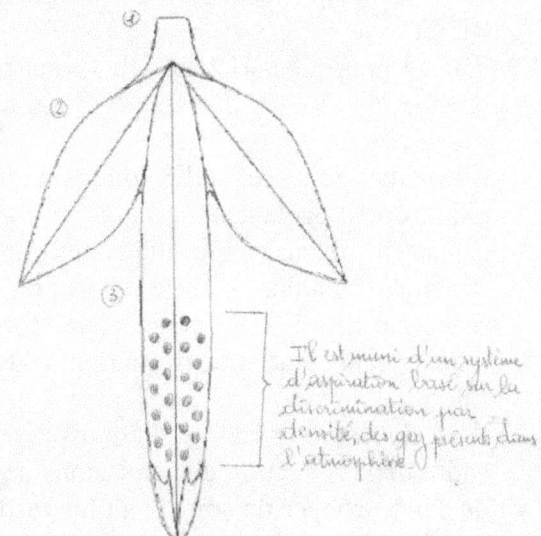

Il est muni d'un système d'aspiration basé sur la discrimination par densité, des gaz présents dans l'atmosphère.

Les gaz stockés seront pour certains mis au service de l'environnement, en jouant sur la photosynthèse (dans des serres spécifiques), d'autres vont concourir au développement de la chimie,...

Le point le plus important à souligner est que les maux auxquels nous pourrons être confronté aujourd'hui, seront certes dus aux émissions de gaz à effet de serre, mais surtout à ceux déjà présents dans l'atmosphère, et éventuellement si rien n'est fait pour ceux qui sont entrain d'être émis. D'où des plans de réduction d'émissions de gaz mais aussi de traitement de ceux déjà présents dans l'atmosphère, objet du programme "THE REAT".

On ne pourrait parler de GES sans parler de la couche d'ozone ! La solution de ce coté est botanique !

Et même pour ces GES une solution par les plantes peut également se faire: les forêts ne sont pas à détruire car nos solutions peuvent y être.

Il faudrait alors inclure dans les voies de réduction de GES des perspectives forestières, de reboisement, «de transformation du désert en forêt»,...

Il va donc falloir redorer l'atmosphère et dans le cadre de la réduction des émissions de gaz à effet de serre, trouver des moyens plus respectueux de l'environnement.

Le carbone n'est pas mauvais en soi, c'est l'excès qui l'est. Il ne faudrait pas qu'à force de méthodes surviennent, à long terme, un déséquilibre du taux de carbone.

La seule ressource capable de réguler nos émissions est la forêt d'où sa protection et la transformation des déserts en forêts.

Cette situation nous à montrer l'importance de l'environnement.

L'heure est aux gaz à effet de serre, à la couche d'ozone et aux déserts
Les séismes sont déjà entrain de se confirmer. Aux dernières nouvelles, le 12 février, l'Indonésie à connue un séisme. Il faudrait évaluer les contraintes dans ces zones arabiques et indo-australiennes.
Si l'on veut des réponses, elles sont à notre portée.

RECOVERY (1), il est tant de rétablir !

- ➢ **BIBLIOGRAPHIE:**

- ➢ Encarta 2007
- ➢ Encyclopédie WIKIPEDIA
- ➢ www.cite-sciences.fr
- ➢ www.monde-diplomatique.fr
- ➢ www.place-publique.fr
- ➢ www.google.fr
- ➢ www.monde-diplomatique.fr
- ➢ www.placepublique/article2860.html
- ➢ www.cite-sciences.fr
- ➢ www.picasaweb.google.com
- ➢ www.fond-ecran-image.com
- ➢ www.zonedivers.net
- ➢ www.nono-aux-states.blogspot.com
- ➢ www.freesahara.unblog.fr
- ➢ www.medel.com
- ➢ Bible (version français courant)
- ➢ www.edelo.net
- ➢ www.greenpeace.org
- ➢ www.quid.fr
- ➢ www.populationdata.net
- ➢ www.ffme.f
- ➢ www.meteo.org

- ✓ JOURNAUX

- ➢ Tribune
- ➢ le Monde
- ➢ L'observateur
- ➢ 20 Minutes
- ➢ L'étudiant automne
- ➢ Direct matin/ direct soir

© 2009 Yao G.Youssouf
Éditeur : Books on Demand, 12/14 rond-point des Champs Elysées,
75008 Paris
Impression : Books on Demand, Allemagne
ISBN : 9782810602247

2009

The Recovery